生物产业高等教育系列教材（丛书主编：刘仲华）

动物生物化学实验指导

肖红波　刘维全　柳亦松　主编

科学出版社

北京

内 容 简 介

新编《动物生物化学实验指导》共分四章。第一章总论，简要介绍了生物化学实验技术发展简史及动物生物化学实验的研究对象和特点；实验室的规程与基本知识；生物化学实验常用样品的制备及提取等。第二章动物生物化学基本实验技术，系统介绍了离心技术、分光光度技术、电泳技术、层析技术及生化自动分析技术5种技术的基本原理、方法和用途。第三章动物生物化学高级实验，集中介绍了与蛋白质（酶）、核酸有关的常用技术。第四章动物生物化学基础实验，共选取了14个可重复性好、操作简单的动物生物化学实验，分别介绍了它们的原理、目的要求和操作步骤。

本教材适用于畜牧兽医及其他生命科学相关专业的大学本科动物生物化学及分子生物学实验课程，部分实验也可供研究生课程使用。

图书在版编目（CIP）数据

动物生物化学实验指导 / 肖红波, 刘维全, 柳亦松主编. -- 北京：科学出版社, 2024. 11. -- ISBN 978-7-03-080103-6

Ⅰ. Q5-33

中国国家版本馆CIP数据核字第20249YE583号

责任编辑：刘 畅 / 责任校对：严 娜
责任印制：赵 博 / 封面设计：图阅盛世

科 学 出 版 社 出版
北京东黄城根北街16号
邮政编码：100717
http://www.sciencep.com

北京富资园科技发展有限公司印刷
科学出版社发行 各地新华书店经销

*

2024年11月第 一 版 开本：787×1092 1/16
2025年1月第二次印刷 印张：9
字数：230 000
定价：39.80元
（如有印装质量问题，我社负责调换）

编写人员

主　编　肖红波　湖南农业大学
　　　　　刘维全　中国农业大学
　　　　　柳亦松　湖南农业大学

副主编　蒋立平　中南大学
　　　　　段志贵　湖南师范大学

编　委　肖红波　湖南农业大学
　　　　　刘维全　中国农业大学
　　　　　柳亦松　湖南农业大学
　　　　　蒋立平　中南大学
　　　　　段志贵　湖南师范大学
　　　　　苏建明　湖南农业大学
　　　　　赵素梅　云南农业大学

前　言

21世纪是生命科学的世纪，生物化学是生命科学研究领域的基础与前沿。近二十年来，生命科学技术，特别是分子生物学技术的飞速发展，更加丰富和促进了生物化学实验方法和技术的发展，许多更新颖、更灵敏、更精确、更可靠的检测手段和实验方法不断涌现，原有的一些测定方法已经被淘汰或面临淘汰。

在党的二十大精神的引领下，编委团队针对目前动物生物化学领域实验教学资料较少，迫切需要高质量实验教学用书的情况，专门组织了一批长期从事实验教学工作的教师，根据教育部战略性新兴领域"十四五"高等教育教材体系建设团队的要求，为了进一步提高学生分析问题和解决问题的能力，以创新性、设计性与综合性为主体，组织编写了这本《动物生物化学实验指导》。同时为了体现纸数融合的特点，推动探索基于知识图谱的新型教材建设与教育数字化转型，本教材还配套了核心示范课，主要形式为视频课或虚拟仿真实验课等，凸显数字赋能，以求符合信息时代人才培养的需求。

随着蛋白质结构与功能研究及核酸（DNA、RNA）体外操作技术的发展，尤其是20世纪70年代初DNA重组技术的创立及相关新技术的不断涌现，促进了生物化学实验方法与技术的全面发展，使之成为当今生命科学研究的重要手段，成为生命科学工作者必备的知识。动物生物化学实验方法与技术的内容范围很广，包括了生物大分子物质的分离技术、电泳技术、离心技术、分光光度技术、层析技术、电镜技术、同位素技术、免疫组织化学技术、DNA重组及相关的技术等。考虑到动物生物化学属于大学本科的专业基础课，受课时所限，一般不可能全面介绍生物化学与分子生物学实验技术与方法，因此根据动物科学研究及动物医学临床需要，我们选编了最基础、最具代表性、内容较成熟、取材较容易的一些实验。通过这些实验，使学生掌握这些技术的原理和基本操作，达到提高学生动手能力的目的。

本教材由不同层次的高校中专门从事动物生物化学实验教学工作的资深教授联合编写，其体系适用于大多数高校的动物生物化学实验教学。

由于编写时间有限，教材中难免存在不足之处及其他未尽事宜，望读者批评指正。

编　者

2024年5月

目 录

前言

第一章 总论 ·· 1
 第1节 概述 ·· 2
 第2节 实验室规程与基本知识 ·· 3
 第3节 生物化学实验常用样品的制备及提取 ·································· 8

第二章 动物生物化学基本实验技术 ··· 10
 第1节 离心技术 ··· 11
 第2节 分光光度技术 ··· 14
 第3节 电泳技术 ··· 18
 第4节 层析技术 ··· 22
 第5节 生化自动分析技术 ··· 27

第三章 动物生物化学高级实验 ··· 31
 第1节 蛋白质提取、纯化与鉴定 ··· 32
 第2节 蛋白质定量测定 ·· 39
 第3节 猪心细胞色素 c 的制备及含量测定 ······································· 44
 第4节 羊血浆 IgG 的分离纯化 ··· 48
 第5节 猪血清蛋白质聚丙烯酰胺凝胶柱状电泳 ································ 53
 第6节 超滤法制备新生小牛胸腺肽 ·· 56
 第7节 鸡卵清蛋白的分离提纯 ·· 57
 第8节 等电聚焦电泳法测定蛋白质的等电点 ··································· 59
 第9节 SDS-聚丙烯酰胺凝胶电泳法测定蛋白质的分子量 ·················· 62
 第10节 聚合酶链反应 ··· 65
 第11节 大鼠肝脏中染色体 DNA 的制备与成分鉴定 ························· 69
 第12节 质粒的提取及琼脂糖凝胶电泳鉴定 ····································· 73
 第13节 利用凝胶层析技术纯化质粒 DNA ······································· 76
 第14节 大肠杆菌感受态细胞的制备及质粒的转化 ··························· 78
 第15节 紫外吸收法测定核酸含量 ··· 81

第四章　动物生物化学基础实验 ······ 84
第 1 节　动物饲料中维生素 B_1 的提取与含量测定 ······ 85
第 2 节　人唾液淀粉酶活性的观察 ······ 86
第 3 节　鸡蛋黄中脂类的提取和薄层层析分离 ······ 90
第 4 节　鸭蛋黄总脂测定 ······ 92
第 5 节　哺乳动物组织匀浆的制备 ······ 94
第 6 节　猪心琥珀酸脱氢酶的作用观察 ······ 96
第 7 节　家兔肝糖原的提取与鉴定 ······ 98
第 8 节　兔肝中酮体的生成与测定 ······ 100
第 9 节　哺乳动物血液样品的处理 ······ 102
第 10 节　猪血糖的测定 ······ 105
第 11 节　兔血清氨基转移酶的活性测定 ······ 108
第 12 节　羊血清总蛋白、清蛋白及球蛋白的测定 ······ 110
第 13 节　猪血清蛋白质醋酸纤维素薄膜电泳 ······ 114
第 14 节　牛血清无机磷、钙、钾和钠的测定 ······ 116

主要参考文献 ······ 122

附录 ······ 123

第一章 总 论

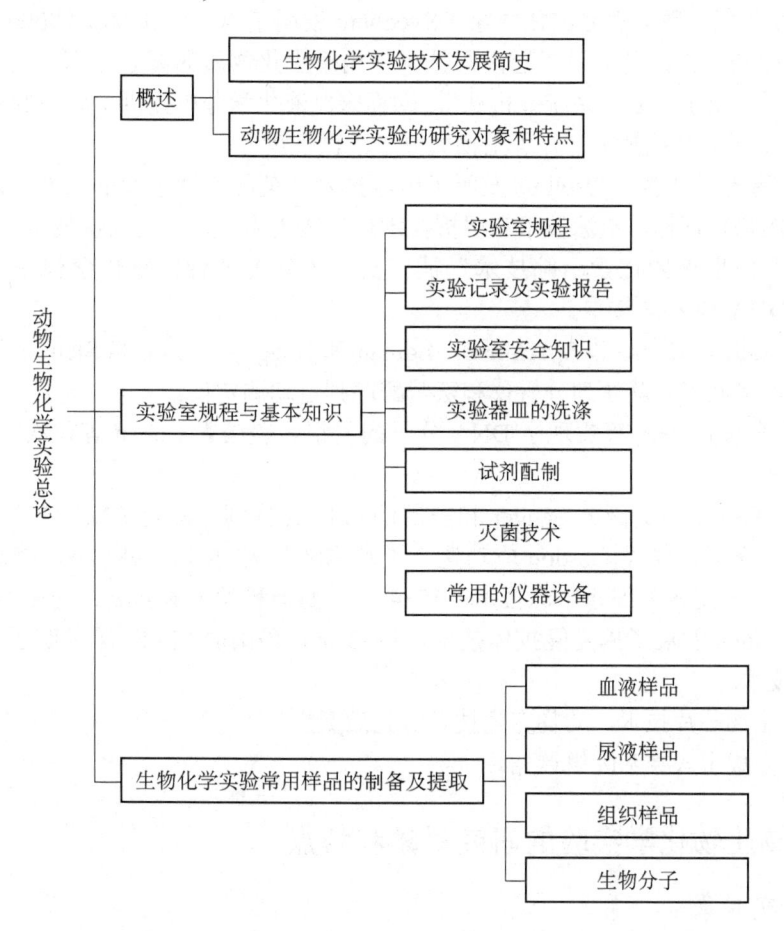

```
                                    ┌─ 生物化学实验技术发展简史
                      ┌─ 概述 ──────┤
                      │             └─ 动物生物化学实验的研究对象和特点
                      │
                      │                              ┌─ 实验室规程
                      │                              ├─ 实验记录及实验报告
                      │                              ├─ 实验室安全知识
动物生物化学实验总论 ──┼─ 实验室规程与基本知识 ──────┼─ 实验器皿的洗涤
                      │                              ├─ 试剂配制
                      │                              ├─ 灭菌技术
                      │                              └─ 常用的仪器设备
                      │
                      │                                        ┌─ 血液样品
                      │                                        ├─ 尿液样品
                      └─ 生物化学实验常用样品的制备及提取 ─────┼─ 组织样品
                                                               └─ 生物分子
```

"古往今来，邈矣悠哉！"在漫长的历史长河中，生命科学尤其是生物化学与分子生物学获得了惊人的发展，在 21 世纪已经成为带头的学科之一，而这与其实验技术的每一次新发明密切相关，作为现代生物科学工作者，尤其是生物化学工作者，一定要学习并掌握好各种生物化学的实验知识。

第 1 节 概 述

2023 年 10 月 2 日，美国科学家 Katalin Karikó 和 Drew Weissman 因发现了核苷碱基修饰，从而使得人类开发出有效的 mRNA 疫苗，并因此获得了诺贝尔生理学或医学奖。此时此刻，我们不妨回顾一下生物化学实验技术的发展历史。

一、生物化学实验技术发展简史

20 世纪 20 年代：瑞典著名的化学家 T.Svedberg 发明了第一台 5000g（5000~8000r/min）相对离心力的超离心机，开创了"超离心技术"用于生化物质的离心分离。我国生物化学界的先驱吴宪教授提出了"血液系统分析法"，为临床血液化学分析提供了重要的手段。

30 年代：电子显微镜技术打开了生物大分子的微观世界。

40 年代：瑞典的科学家 Tisellius 发明了电泳技术；英国科学家 Martin 和 Synge 第一次提出了层析技术的塔板理论，电泳技术和层析技术逐步成为生物化学的关键技术。

50 年代："放射性同位素示踪技术"被广泛用于研究各种生物化学代谢过程；美国人 Avery 创立了 DNA 转化技术。

60 年代：Stem、Moore 和 Spackman，Edman 和 Begg 及 Moore 和 Stein 分别发明了氨基酸自动分析仪、多肽氨基酸序列分析仪和氨基酸序列自动测定仪。

70 年代：美国的 Berg 等实现了 DNA 分子的重组。美国人 Cohen 等首次完成了 DNA 重组体的转化技术。

80 年代：1980 年，英国的 Sanger 和美国的 Gilbert 找到了测定 DNA 分子内核苷酸序列的方法。同年，美国科学家 Gordon 成功建立了动物转基因技术。1981 年，美国的 Jorgenson 和 Lukacs 最先提出高效毛细管电泳技术。1984 年，德国科学家 Kohler、丹麦科学家 Jerne 和美国科学家 Milstein 发展了单克隆抗体技术。1985 年，美国的 Mullis 等发明了聚合酶链反应的 DNA 扩增技术。

90 年代：生物芯片技术、动物克隆技术等先后诞生。

21 世纪：完成了人类基因组计划。

二、动物生物化学实验的研究对象和特点

（一）研究对象

动物组织、细胞及某种生物成分。

（二）特点

1）体外操作的生物分子是溶解在溶液中的，很难直接看到，需借助各种技术和方法监测各种生物化学过程。

2）采集的动物组织、细胞等材料必须低温保存，保持新鲜，以保证被检测成分生物活性不丢失或不被降解。

3）体外操作时应尽可能模拟生理环境条件，避免破坏蛋白质和核酸结构的完整性。
4）取材应考虑动物的营养状况、生理状态、性别、年龄及个体差异。
5）被检测成分的含量极少，以毫克、微克、纳克甚至皮克来计量。

第2节　实验室规程与基本知识

一、实验室规程

1）实验前必须预习实验目的、实验原理、实验步骤等实验内容。
2）遵守课堂纪律，维护课堂秩序，不迟到，不早退，保持室内安静。
3）按操作规程进行实验，将实验结果和数据记录在实验记录本上；课后写出实验报告。
4）试剂用毕应立即盖严放回原处。勿将试剂、药品洒在实验台面或地上。实验完毕，需将药品、试剂排列整齐，玻璃仪器洗净后应倒置放好，实验台面应擦拭干净。
5）节约使用药品、试剂和其他物品。保持药品和试剂的纯净，严防混杂、污染。
6）实验完毕，应关好各种开关和水龙头，放好各种玻璃器皿，严防事故的发生。
7）废弃液体倒入指定容器，不能到处乱倒或倒入水槽。
8）遵守仪器的操作规程。仪器损坏时，应填写损坏仪器登记表。
9）实验室内一切物品，未经批准，严禁带到实验室外，外借必须办理登记手续。
10）实验时应穿工作服；实验完毕后学生应轮流值日。

二、实验记录及实验报告

（一）实验记录

观察到的现象、结果和得出的数据，不要随意记录，应记在实验记录本上，以免遗失。

记录时，应做到客观、正确地记录实验结果。

应记录使用仪器的编号、类型以及试剂的规格、化学式、相对分子质量（分子量）、准确的浓度等，便于分析实验成败的原因。

如果记录的结果有疑问、遗漏或丢失等，都必须重做实验。

实验记录本应标上页数，不要撕页，不要擦抹及涂改，写错时应划去重写。

（二）实验报告

实验目的：应针对实验的全部内容而必须达成的要求。

实验原理：应简单扼要地叙述基本原理。

实验步骤：可采用表格或工艺流程图来表述。

实验结果：应进行整理、归纳、分析和对比，获得原始数据及其处理过程、实验组与对照组实验结果的对比等各种图表。

讨论部分：反思实验方法、操作技术等问题，如对于实验设计的认识、体会和建议，对实验的正常结果和异常现象以及思考题的探讨等。

三、实验室安全知识

（一）中毒

误食、吸入或由皮肤渗入剧毒物，如氰化物、汞、砷化物、甲醇、氯化氢和乙腈等，或致癌物，如石棉、丙烯酰胺（Acr）、铬酸盐、砷化物、溴化乙锭及芳香化合物等，会导致中毒。所以取拿这些物品时必须戴橡皮手套；遇到有毒或有刺激性气体时，必须佩戴防护眼镜和口罩，并应在通风橱内进行；不要用乙醇等有机溶剂擦洗溅洒在皮肤上的药品；严禁用嘴吸移液管。

（二）爆炸

微波炉加热金属物品，高压气瓶减压阀失灵，乙醚、甲醇及氢气在空气中浓度超过极限，浓硫酸-高锰酸钾、有机化合物-氧化铜与三氯甲烷-丙酮等混合物的加热，在密闭的体系中进行回流、蒸馏等加热操作，摩擦和撞击混合药品等常会引起爆炸事故。

（三）触电

对于50Hz的交流电，通过人体的电流达到100mA以上时会导致死亡，因此必须注意安全用电。不能用湿手触摸电器；使用带电仪器时，应先检查仪器外壳是否带电，若外壳带电，应及时更换损坏的配件，匹配规定的额定电流，仪器长期不用时要拔下插头。

（四）着火

甲醇、氯仿、乙醇、二硫化碳、丙酮等有机溶剂易着火。它们只能水浴加热或使用加热套加热；不得在有明火时倾倒有机溶剂或在明火附近放置开口的、装有有机溶剂的容器；不得在烘箱内烘干有机化合物。

（五）外伤

严防异物和化学药品溅入眼内，严防酸碱及溴灼伤皮肤，严防玻璃管和温度计造成的割伤。

（六）生物伤害

避免带伤操作、被动物咬伤或抓伤及有害微生物的扩散，严禁随意处置剧毒性化学试剂。

同时，实验室应准备一个小药箱，用于处理突发事件，但一定要及时就医。

四、实验器皿的洗涤

（一）一般玻璃器皿

先用自来水冲去烧杯、试管、量筒和锥形瓶上的污物，然后将这些玻璃器皿浸于肥皂水中或用毛刷蘸取洗衣粉刷洗玻璃器皿的内外表面，再用自来水冲洗泡沫，最后用少量蒸馏水冲洗2~3次，直至器壁上不挂水珠。

（二）量度玻璃器皿

用清水冲洗滴定管、吸管和容量瓶除去残留物，晾干后，再在铬酸清洁液中浸泡过夜；然后用自来水充分冲洗，最后用少量蒸馏水润洗 2~3 次，直至器壁上不挂水珠。

（三）塑料器皿

先用 0.5% 的去污剂清洗，接着用自来水冲洗，最后用去离子水彻底清洗。

（四）比色杯

用 1%~2% 的去污剂或重铬酸钾洗液浸泡，然后用自来水冲洗，最后用蒸馏水润洗 2~3 次，直到其内外壁不挂水珠。

五、试剂配制

（一）溶液的配制

1. 物质的量浓度溶液配制方法　　要求的精确度为 1/100。溶质称量应用 1/1000 的天平，溶剂体积要用容量瓶定量。如 NaCl 的分子量为 58.5，故可精确称取 58.5g NaCl，用少许蒸馏水溶解后转入 1000ml 容量瓶中，最后加蒸馏水至容量瓶刻度，混匀即得 1mol/L NaCl 溶液。

2. 百分浓度溶液配制方法　　百分浓度的精确度是 1/10。称量溶质只需要用台秤，溶剂体积用量筒量即可。

（1）体积与体积百分浓度　　即每 100ml 溶液中含有溶质的毫升数。如用量筒量取 30ml 冰醋酸（含乙酸近 100%），加入蒸馏水到 100ml 即可配制 30% 的乙酸溶液。

（2）重量与体积百分浓度　　即每 100ml 溶液中含有溶质的克数。如称取 5g NaCl 用少量蒸馏水溶解后，再加蒸馏水到 100ml 即可配制 5%NaCl 溶液。

（二）溶液浓度的调整

1. 稀溶液调整为浓溶液法　　将已知浓度的稀溶液调整成所需要浓度（C）的浓溶液，原理为溶液浓度与体积成反比。公式为：

$$C \times (V_1+V_2) = C_2 \times V_2 + C_1 \times V_1 \tag{1-1}$$

式中，V_1 是浓溶液体积；V_2 是稀溶液体积；C_1 是浓溶液浓度；C_2 是稀溶液浓度。

例：0.25mol/L NaOH 800ml 需加多少毫升 1mol/L NaOH，可变为 0.4mol/L NaOH？

$$0.4 \times (V_1+800) = 0.25 \times 800 + 1 \times V_1$$
$$0.4V_1 + 320 = 200 + V_1$$
$$0.6V_1 = 120$$
$$V_1 = 120 \div 0.6$$
$$V_1 = 200$$

故加入 200ml 1mol/L NaOH 即可使 800ml 0.25mol/L NaOH 成为 0.4mol/L NaOH 溶液。

2. 溶液稀释法　　将已知浓度的浓溶液稀释成所需要某浓度的溶液，其原理是溶液浓度与体积成反比。公式为：

$$C_1 \times V_1 = C_2 \times V_2 \tag{1-2}$$

式中，V_1 是浓溶液体积；V_2 是稀释后溶液体积；C_1 是浓溶液浓度；C_2 是稀释后溶液浓度。

例：6mol/L H_2SO_4 450ml 稀释到多少毫升，其浓度可变成 2.5mol/L？

$$6×450=2.5×V_2$$
$$V_2=6×450÷2.5$$
$$V_2=1080$$

故将 6mol/L H_2SO_4 450ml 加水稀释到 1080ml，即可得到 2.5mol/L H_2SO_4 溶液。

六、灭菌技术

化学消毒剂灭菌、抗生素灭菌等化学方法，以及干热灭菌、湿热灭菌、过滤除菌、紫外线杀菌、离心沉淀等物理方法均可杀死或除去微生物。

（一）抗生素灭菌

链霉素和青霉素可用于预防培养物污染或培养液灭菌。

（二）化学消毒剂灭菌

乙酸、乙醇、甲醛（福尔马林）、苯酚（石炭酸）、高锰酸钾、升汞、苯扎溴铵（新洁尔灭）等均可破坏细菌代谢功能。1‰的新洁尔灭主要用于器械、皮肤及操作室壁面等的消毒。75%乙醇主要用于操作者皮肤、操作台表面及无菌室内壁面等的消毒。

（三）紫外线杀菌

紫外线杀菌主要用于操作台表面、实验室空气、塑料培养器皿。紫外线可被核酸（波长为260nm）和蛋白质（波长为280nm）吸收，使其变性失活。波长 260nm 左右的紫外线杀菌作用最强。

（四）干热灭菌

1. **火焰灼烧灭菌**　　适用于金属用具、接种针、接种环、试管口、玻璃棒和瓶口等。
2. **热空气灭菌**　　适用于玻璃器皿，在烤箱中 160~170℃的干燥空气中加热 1~2h。

（五）湿热灭菌

1. **煮沸灭菌**　　常用于注射器等用具的灭菌。
2. **常压蒸汽灭菌**　　不宜用高压蒸煮的牛奶、糖液、明胶等物质，采用常压蒸汽灭菌。
3. **高压蒸汽灭菌**　　将待灭菌的物体放入盛有适量水的高压蒸汽灭菌锅内。水加热煮沸后，可驱尽锅内冷空气并将锅密闭，再继续加热可升高锅内的蒸汽压，锅内温度可达 100℃以上。培养液和橡胶制品要求 0.1MPa 下灭菌 10min；一般物品要求 0.15MPa 下灭菌 15min。

（六）过滤除菌

过滤除菌适用于培养液、血清、酶等具有生物活性的液体。常用的滤器有微孔滤膜滤器、玻璃滤器及蔡氏滤器。

七、常用的仪器设备

(一) 生物培养设施

动物饲养根据实验要求不同需要配备不同洁净度的动物房；动物细胞培养须配备电热恒温培养箱、二氧化碳培养箱等；微生物培养需要摇床、恒温恒湿培养箱、发酵罐、大型生物反应器等。

(二) 纯水设备

自来水通过纯水仪的聚苯乙烯季铵型强碱性阴离子交换树脂和聚苯乙烯磺酸型强酸性阳离子交换树脂填充的阴、阳离子交换柱，或是阴、阳离子交换树脂的比例为2∶1的混合柱，即可得到去离子水。一般电阻率纯度在15~18MΩ/cm 的即为高纯去离子水。去离子水贮存时要密封盖严，隔绝空气，最好在1~2周内用完。

注意对于那些对紫外线吸收要求十分严格的实验，应选用蒸馏水而不用去离子水。

(三) 计量设备

1. 移液器　　有可调容量的，常用规格为20μl、200μl、1000μl等。有固定容量的，常用规格有100μl、200μl等。

移液器的使用步骤：先用拇指和食指转动移液器上部的旋钮，使数字窗口露出所需容量体积的数字，接着在移液器的下端装上一个塑料吸头，一定要旋紧以保证气密性，然后四指并拢握住取液器上部，用拇指按压柱塞杆顶端的按钮，向下按到第一停点，将移液器的吸头稍微插入待取的溶液中，慢慢松开按钮，吸入液体。除取极微量(2μl以下)液体外，吸取液体时一定不能突然放开拇指，以防溶液吸入过快而冲进移液器内腐蚀柱塞，造成漏气。排液时吸头接触倾斜的器壁，先将按钮按到第一停点，然后按压到第二停点，吹出吸头尖部的剩余溶液，最后去掉吸头。

2. 微量加样器　　一般作为液相和气相色谱仪的进样器，但也可用作电泳实验的加样器，通常可分为无存液和有存液两种。

(四) 称量设备

常用的称量设备有各种不同感量的托盘天平、电子天平和分析天平等。0.1g以下物质用电子天平称量，而大于或等于0.1g的物质使用托盘天平称量即可。

(五) pH测量设备

最常用的是pH试纸和pH计。笔式pH计的准确性和灵敏度较低，但使用方便，而台式pH计的精确度可达0.005pH单位，但操作较烦琐。

(六) 冷柜(室)

一间4~10℃的冷室，既可用于贮存各种生物制品和生化试剂，也可用于进行各种电泳、各类柱层析、生物大分子的提取和分离、多种物质的透析及硫酸铵沉淀蛋白质等操作。

（七）暗室

一间装备完善的暗室，可用于核酸电泳结果的观察、各种照相乳胶和感光材料的处理。但自动凝胶成像仪、高分辨率相机等设备也可完成暗室的大部分功能。

（八）其他设备

洗涤设备（超声清洗机）、消毒设备（高压蒸汽灭菌锅）、制冰设备（制冰机）、液体溶质定量设备（分光光度计）、离心设备（离心机）、层析设备（层析装置）、PCR仪、电泳设备（电泳仪）的使用请参阅相关章节。

第3节　生物化学实验常用样品的制备及提取

尿液、血液、组织样品等不同的生物样品有不同的处理方法。

一、血液样品

血液的采集，血清、全血及血浆的制备，抗凝剂的选择、血液的量取、无蛋白血滤液的制备等详见第四章动物生物化学基础实验技术部分。

二、尿液样品

将动物置于代谢笼中，其排出的尿液通过笼下漏斗流入收集瓶中。一天之中每次排出尿液的成分受饮水、食物及体内生理变化等的影响而有很大的不同，所以定量测定尿液中各种成分时，应收集24h尿液混合后取样。通常在弃去早晨一定时间排出的残尿后，每次尿液都收集于清洁大玻璃瓶中，直至第二天早晨的同一时间收集最后一次尿，混匀即可。收集的尿液应冷藏保存。必要时每1000ml尿液中约加入5ml盐酸或甲苯来防腐。

三、组织样品

组织样本的处理、组织细胞的破碎、破碎组织的匀浆、匀浆液的过滤及匀浆液的保存等详见第四章动物生物化学基础实验技术部分。

四、生物分子

生物分子可分为生物小分子类物质（如氨基酸、丙酮酸等）和生物大分子类物质（如蛋白质、核酸等）。两者的结构差别很大，因此提取液成分和操作条件有很大的不同。

（一）生物小分子类物质的提取

1. 破碎细胞　根据实验材料的性质，分别采用温和方法（细胞溶解、酶降解、化学溶解/自溶、手动匀浆及研磨），较剧烈方法（韦林氏搅切器、磨料研磨），剧烈方法（压榨、超声作用、振动玻璃球、电动匀浆）等适当的方法破碎细胞，使目的物从其细胞组分中释放出来。

2. 选择提取液 遵从相似相溶原理。首先，溶于脂类的物质易溶于非极性提取液中，而溶于水的物质易溶于极性提取液中。其次，pH 会影响目的物的解离状态，非解离的分子状态的目的物易溶于有机溶剂，而离子化合物大都溶于水，因此，当碱性物质处于高 pH 或酸性物质处于低 pH 时，可转溶于有机溶剂。但两性物质氨基酸在等电点以外的任何 pH 处都会解离，所以氨基酸一般不用有机溶剂提取。

3. 提取 提取液可溶解和促进生物小分子类物质的释放。

4. 过滤或离心 除去残渣，得到含目的物的粗提液。在分析性生化实验中，一般不需进一步纯化便可直接用粗提液。在制备性生化实验中，必须将粗提液用抽提、浓缩、沉淀及其他有机化学的方法制成高纯度的样品。

（二）生物大分子类物质的提取

蛋白质和核酸提取纯化的主要特点、整体思路、一般步骤和方法等详见第三章动物生物化学高级实验部分。

【思考题】

1. 请介绍生物化学实验常用的仪器设备。
2. 请说明生物化学实验中常用样本的制备及提取的注意事项。

小　　结

本章系统介绍了生物化学实验技术发展简史、动物生物化学实验的研究对象和特点、实验室规程、实验记录、实验报告、实验室安全知识、实验器皿的洗涤、试剂配制、灭菌技术、常用的仪器设备、常用样品的制备及提取等动物生物化学实验的综合或概要性知识。

学生应全面而概括地了解动物生物化学实验的知识体系，以形成对动物生物化学实验的总体印象，为后面的常用实验技术原理、高级实验技术及基础实验技术的学习打下坚实的基础。

第二章 动物生物化学基本实验技术

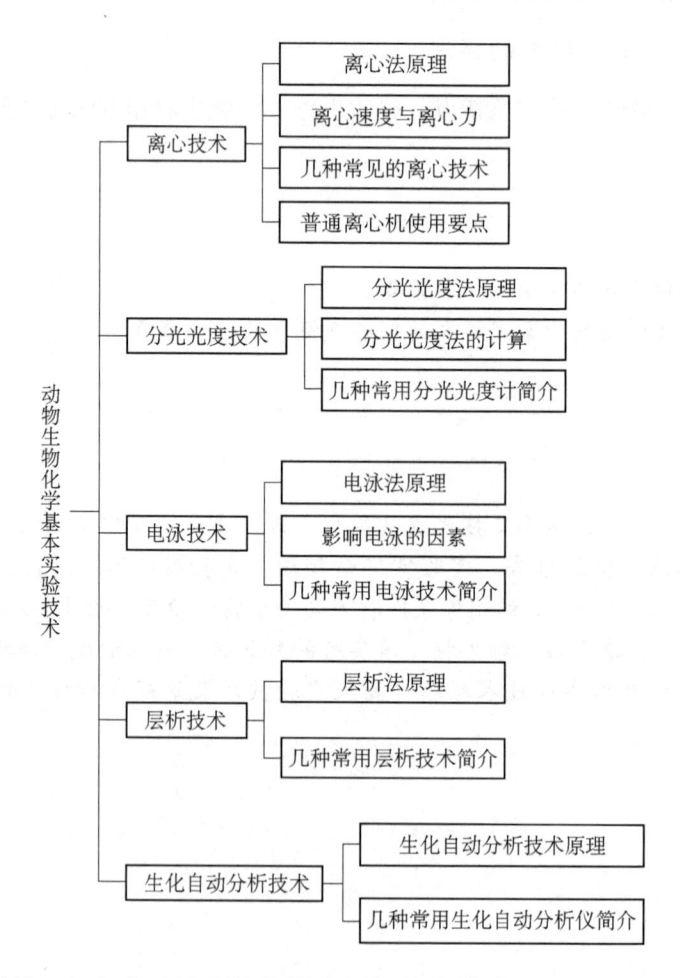

动物生物化学基本实验技术
- 离心技术
  - 离心法原理
  - 离心速度与离心力
  - 几种常见的离心技术
  - 普通离心机使用要点
- 分光光度技术
  - 分光光度法原理
  - 分光光度法的计算
  - 几种常用分光光度计简介
- 电泳技术
  - 电泳法原理
  - 影响电泳的因素
  - 几种常用电泳技术简介
- 层析技术
  - 层析法原理
  - 几种常用层析技术简介
- 生化自动分析技术
  - 生化自动分析技术原理
  - 几种常用生化自动分析仪简介

动物生物化学是一门与实验技术的发展密切相关的学科，每一种新的生物化学作用机制的发现与阐明都离不开各种实验技术，而新的实验技术又极大地推动了生物化学研究的进展，因而学习并掌握各种生物化学实验技术原理极为重要。

第1节 离 心 技 术

一、离心法原理

离心技术是利用离心机转子高速旋转时产生的强大离心力,来达到物质分离的目的。Svedberg 提议以沉降系数来表达颗粒的沉降速度。沉降系数指沉降颗粒在单位离心力作用下的沉降速度,单位是秒,用 Svedberg 表示,简称 S。S=沉降速度/单位离心力。为纪念对超速离心技术作出重大贡献的科学家 Svedberg,且因为许多生物大分子都具有比 10^{-13}s 更大的沉降系数,所以现在规定 10^{-13}s 为一个 Svedberg 单位,即 1S。由于粒子大小、密度、形状不同,以及介质的黏度和密度不同,不同物质的 S 值也不同。因此,在同样的离心力作用下,其沉降速度也不同。例如,水中各种亚细胞成分的 S 值有很大差别:多核糖体仅为 10^2S,线粒体约为 10^5S,而细胞核约为 10^7S。因此,在离心时,细胞核比其他两种亚细胞成分沉降速度快得多。

二、离心速度与离心力

有一定大小、形状、密度和质量的颗粒,在离心场中会受到离心力(F_c)、重力(F_g)、摩擦阻力(F_f)、与离心力方向相反的浮力(F_B)、与重力方向相反的浮力(F_b)的作用。当离心机转子高速旋转时,这些颗粒在液相介质中发生沉降或漂浮,沉降速度取决于作用在这些颗粒上的力的大小和方向。

(一)离心力

离心力(F_c)是离心加速度 a_c 与颗粒质量 m 的乘积,即 $F_c=ma_c$。

其中 $a_c=\omega^2 r$,即离心加速度是转子的角速度 ω(rad/s)的平方与颗粒旋转半径 r(cm)的乘积。

如果转速以每分钟转数(r/min)来表示,则 $\omega=2\pi n/60$,代入上式,可得到

$$a_c=\omega^2 r=4\pi^2 n^2 r /3600 \tag{2-1}$$

式中,n 是转子每分钟转数(r/min)。

在说明离心条件时,低速离心一般以转子每分钟的转数表示,如 4000r/min。而在高速离心时,特别是在超速离心时,通常用相对离心力(RCF)来表示。相对离心力是指颗粒所受的离心力与重力之比,用符号"×g"或"g"表示,即

$$\mathrm{RCF}=F_c/F_g=4\pi^2 n^2 r/(3600\times 980.7)(g)=1.12\times 10^{-5}\cdot n^2 r\,(g) \tag{2-2}$$

由此可见,相对离心力的大小与转速的平方及与旋转半径成正比。在转速一定的条件下,颗粒离轴心越远,其所受的相对离心力越大。在离心过程中,随着颗粒在离心管中移动,其所受的离心力也随着变化。在实际工作中,离心力的数据是指其平均值,即是指在离心溶液中点处颗粒所受的离心力。

(二)重力

重力的方向与离心力的方向互相垂直,重力(F_g)的大小等于颗粒质量与重力加速度的乘积,即 $F_g=mg$。

在实际应用中重力同离心力相比显得十分小，可以忽略不计。如超速离心时，相对离心力更大，重力常忽略不计。

（三）介质的摩擦阻力

用 Stocke 阻力方程表示液相介质对颗粒的摩擦阻力（F_f），即

$$F_f = 6\pi\eta r_p dR/dt \tag{2-3}$$

式中，η 是介质的黏度系数（Pa·s）；r_p 是颗粒的半径（cm）；dR/dt 是颗粒在介质中的移动速度，即沉降速度（cm/s）。

（四）浮力

颗粒的浮力与离心力方向相反，在离心场中浮力为颗粒排开介质的质量与离心加速度的乘积，即

$$F_B = \rho_m (m/\rho_p) \omega^2 r = \rho_m/\rho_p m\omega^2 r \tag{2-4}$$

式中，ρ_p 是颗粒密度（g/cm³）；ρ_m 是介质密度（g/cm³）；m/ρ_p 是介质的体积，$\rho_m(m/\rho_p)$ 是颗粒排开介质的质量；ω 是转子的角速度；r 是颗粒旋转半径。

综上所述，在离心场中，作用于颗粒上的力主要有离心力、浮力和摩擦阻力，离心力的方向与摩擦阻力和浮力的方向相反。当离心转子从静止状态加速旋转时，如果颗粒密度大于周围介质的密度，则颗粒远离轴心方向移动，即发生沉降；如果颗粒密度低于周围介质的密度，则颗粒朝向轴心方向移动，即发生漂浮。当离心力增大时，反向的两个力也增大，到最后离心力与摩擦阻力和浮力达到平衡，颗粒的沉降（或漂浮）达到某一极限速度，这时颗粒运动的加速度等于零，变成恒速运动。

三、几种常见的离心技术

常见的用于分离颗粒的离心技术有两种：差速离心法和密度梯度离心法。密度梯度离心法可以进一步分为沉降平衡法和沉降速度法。

（一）差速离心法

差速离心法是指根据颗粒大小和密度的不同，不断增加离心力，产生不同的沉降速度来沉降不同的颗粒，从而在不同沉降速度及不同离心时间下分批离心不同组分的方法。操作时，采用均匀的悬浮液进行离心，选择好离心力和离心时间，使大颗粒先沉降，取出上清液，在加大离心力的条件下再进行离心，分离较小的颗粒。如此经过多次离心，使不同大小的颗粒分批分离。差速离心法所得到的沉降物含有较多杂质，需经过重新悬浮和再离心若干次，才能获得较纯的分离产物。本法一般用于分离混合样品中沉降系数相差较大的颗粒，在生化实验中主要用于从组织匀浆液中分离细胞器和病毒，操作简单方便，但分离效果较差。

几种常见的制备性离心技术及其性质如下（表 2-1）。

表 2-1　几种常见的制备性离心技术及其性质

名称	沉降分离物	注意事项	最大离心场强	最大转速（r/min）	转子的温度控制
制备性超速离心	病毒、小细胞器（如核糖体）等	离心管的精确平衡	600 000g	80 000	转子位于真空密闭冷冻室内，以避免相对空气流的升温作用

续表

名称	沉降分离物	注意事项	最大离心场强	最大转速（r/min）	转子的温度控制
高速冷冻离心	微生物、较大细胞器（如叶绿体）和硫酸铵沉淀等	离心管的精确平衡	60 000g	25 000	转子位于冷冻室中
低速冷冻离心	快速沉降物（如酵母、真核细胞、细胞壁）	离心管的平衡	6 500g	6 000	转子位于冷冻室中
低速离心	碎片和粗沉物等	注意样品热变性和离心管平衡	3 000~7 000g	4 000~6 000	室温，但长时间离心，温度会升高

由表2-1可见，随着离心场场强的增加，被分离的溶质颗粒越来越小。因此，一方面，第一次离心时，由于物质之间的吸附作用，一部分较小的溶质会同该级离心的目的物一起沉淀。这样既影响了目的物的纯度，又影响了下一级离心组分的得率。因此在每一级离心中，要获得较纯的目的物沉淀，需进行悬浮离心2~3次，但次数不能太多，否则会影响本次离心目的物的得率。另一方面可综合应用这几种离心技术，通过分级差速离心法将样品中的各个溶质组分离心分离出来。例如，将植物组织匀浆后，用尼龙纱布过滤，滤液在200g下离心5min，沉淀，上清液再在1000g下离心10min，可获得叶绿体沉淀；上清液再在10 000g下离心20min，可获得线粒体沉淀；上清液再在10 000g下离心10h，可获得核糖体沉淀。更小的溶质颗粒则要冰冻超速离心或加大离心介质的密度才能制备。

用密度更大的介质代替溶剂作离心介质，可大大提高离心技术对溶质的分离纯化能力，甚至可以用于直接分离纯化和分析生物大分子。常见的有沉降速度法和沉降平衡法。前者主要用于密度相近、但大小差别较大的生物大分子之间的分离和分析；后者主要用于大小相近、但密度差别较大的生物大分子之间的分离和分析。这两种方法都需要先用介质（如氯化铯和蔗糖）在离心管中制备一个连续的密度梯度介质溶液。

（二）沉降平衡法

沉降平衡法又称为等密度离心法。等密度离心法是密度梯度离心法的一种，需要离心分离的样品可和密度梯度介质溶液，如氯化铯（CsCl）、硫酸铯（Cs_2SO_4）等先混合均匀，离心开始后，由于离心力的作用，梯度介质逐渐形成管底部浓而管顶部稀的密度梯度，与此同时原来分布均匀的颗粒也发生重新分布。当管底介质的密度大于颗粒的密度时，颗粒上浮；当管顶介质的密度小于颗粒的密度时，则颗粒沉降；最后颗粒进入到一个它本身的密度位置，此时介质的密度等于颗粒的密度，颗粒不再移动，形成稳定的区带。其中常用的CsCl密度梯度离心法主要用于分子大小相同而密度不同的核酸的分离、纯化和研究。各种待分离的核酸成分在离心过程中分别漂浮于与自身密度相等的某一种CsCl溶液密度层中，此密度层称为该组分的浮力密度。例如，用此法很容易将不同构象的质粒DNA、RNA及蛋白质分开：蛋白质漂浮在最上面，RNA沉于管底，超螺旋质粒DNA沉降较快，开环或线形DNA沉降较慢。收集各区带的DNA，经抽提和沉淀，可得到纯度较高的DNA。

（三）沉降速度法

沉降速度法又名速度区带离心法。速度区带离心法是密度梯度离心法的另一种，在差速离心的基础上加入密度梯度介质，在一定离心力作用下，不同沉降速率的颗粒各自以一定的速度沉降，在密度梯度介质的不同区域上形成区带。该方法的特点是需要密度梯度介质，离心结束后会形成一系列界面清楚的不连续区带，沉降系数越大，向下沉降速度越快，所呈现的区带也越低。在待沉降分离的样品中，各种分子密度相近而大小不等时，它们在密度梯度的介质中离心，将按自身大小所决定的沉降速度下沉。沉降速度是指单位时间内样品分子在管中下降的距离，大小相同的分子以相同的沉降速度下沉，形成清楚的沉淀界面。当离心样品中含有几种大小不同的颗粒时，就会出现几个沉降界面，用特殊的光学系统可以观测这些沉降界面的沉降速度。

四、普通离心机使用要点

1）离心机为高速旋转设备，放置必须绝对平衡，否则会产生强烈震动甚至移位。

2）注意离心机的塑料（或金属）离心套管必须完整。管底应垫好软垫（胶垫或棉花）。

3）将两支带套管的离心管，在天平上称量，使重量相差小于0.1g。然后把两支平衡好的离心管及套管置于离心机对称位置上，以保持平衡。

4）启动离心机前，应检查开关是否在零位、调速器是否在零处、转轴能否自由旋转。

5）将离心机盖好。接上电源，开启开关，调节速度旋钮，切忌将转速突然调至最大，而应使电动机的转速逐步加快至所需转速。

6）在使用过程中如听到异常的声音，应立即切断电源，待检查修复后再使用。

7）离心完毕，将调速旋钮逐步降低至零位，关闭开关，拔除电源，待离心机不转后方可取出离心物。切勿用手或其他物件强行减速。

8）使用完毕，应擦净离心套管内的液体，以免金属离心管被腐蚀、生锈而损坏。

第2节 分光光度技术

一、分光光度法原理

分光光度法是利用物质特有的吸收光谱，进行物质鉴定及其含量测定的一种方法。波长长于760nm的光线称为红外线；波长短于400nm的光线称为紫外线；可见光波长范围为400~760nm。

当光线通过透明溶液介质时，其中一部分光被溶液吸收，一部分光可透过溶液，这种光波被溶液吸收的现象可用于某些物质的定性及定量分析。

分光光度法所依据的原理是朗伯–比尔（Lambert-Beer）定律。它阐明了溶液对单色光吸收的多少与溶液的浓度及液层厚度之间的定量关系。常用吸光度A（absorbance）表示物质对光的吸收程度。其定义为：透光率T（transmittancy）的负对数。

（一）比尔定律（Beer定律）

当一束单色光通过透明溶液介质时，溶液液层的厚度不变而溶液浓度不同时，溶液的浓度越大，则透射光的强度越弱，其定量关系如下：

$$A=k_2 C \tag{2-5}$$

式中，A是吸光度；C是溶液浓度；k_2是比例常数，其值决定于液层厚度、入射光的波长、溶液的性质及溶液温度等。

因此当溶液的液层厚度不变时，吸光度与溶液的浓度成正比，这就是比尔定律。

（二）朗伯定律（Lambert 定律）

当一束单色光通过透明溶液介质时，由于一部分光被溶液吸收，所以光线的强度就减弱了。当溶液浓度不变时，透过的液层越厚，则光线的减弱越显著。

$$A=k_1L \tag{2-6}$$

式中，A 是吸光度；L 是通过液层的厚度；k_1 是比例常数，其值决定于入射光的波长、溶液的性质和浓度，以及溶液的温度等。

因此当溶液的浓度不变时，吸光度与溶液液层的厚度呈正比，这就是朗伯定律。

（三）朗伯-比尔定律（Lambert-Beer 定律）

如果同时考虑液层厚度和溶液浓度对光吸收的影响，则必须将朗伯定律和比尔定律合并起来，得

$$A=kCL \tag{2-7}$$

此时，吸光度与溶液的浓度和液层的厚度的乘积成正比，这就是朗伯-比尔定律。式中，k 为比例常数。若溶液的浓度用物质的量浓度表示，液层的厚度用厘米表示，则 k 写成 E，得

$$A=ECL \tag{2-8}$$

式中，E 是摩尔吸光系数。不同物质，有不同的摩尔吸光系数，E 值越大，说明溶液对光吸收越强。

二、分光光度法的计算

通常测定时直接读出吸光度值，便可进一步按下列方式处理并计算出待测溶液的浓度。

（一）利用标准曲线求出待测溶液的浓度

此方法适合分析大批量待测溶液时。先配制一系列浓度由大到小的标准溶液，测出它们的吸光度。在标准溶液的一定浓度范围内，溶液的浓度与吸光度之间呈直线关系。以各管的吸光度为纵坐标，各管浓度为横坐标，在方格坐标纸上绘出标准曲线。在制作标准曲线时，至少用 5 种浓度递增的标准溶液，测出的数据至少有 3 个点落在直线上，这样的标准曲线方可使用。

测定待测溶液时，操作条件应与制作标准曲线时相同，测定吸光度后，从标准曲线上可以直接查出其浓度。

（二）利用标准管法计算出待测溶液的浓度

在同样实验条件下同时测得标准溶液和待测溶液的吸光度值，然后进行计算。
根据朗伯-比尔定律得：
标准溶液：$A_s=k_sC_sL_s$
待测溶液：$A_u=k_uC_uL_u$
两种溶液的液层厚度相等，$L_u=L_s$，而且是同一物质的两种不同浓度，在测定时所用单色光也相同，则 $k_u=k_s$。

两式相比得：
$$\frac{A_u}{A_s} = \frac{C_u}{C_s}, \quad 即 \quad C_u = \frac{A_u}{A_s} \cdot C_s \tag{2-9}$$

式中，A_u、A_s 可由分光光度计测出，C_s 为已知，则待测溶液的浓度 C_u 即可求出。

（三）利用标准系数法求出待测溶液的浓度

此法比上述两法简便，将多次测定标准溶液的吸光度算出平均值后，按式（2-10）求出标准系数。

$$标准系数 = \frac{标准溶液浓度}{标准溶液平均吸光度} \tag{2-10}$$

将用同样方法测出待测溶液的吸光度代入下式即可：

$$待测溶液浓度 = 待测溶液吸光度 \times 标准系数$$

（四）利用消光系数法求出待测溶液的浓度

消光系数计算浓度的公式：

$$C = \frac{A}{E_{1cm}} \quad 或 \quad C = \frac{A}{E_{1cm}^M} \quad （即 \; C = \frac{A}{\varepsilon}） \tag{2-11}$$

式中，ε 或 E_{1cm}^M 为摩尔吸光系数。

在同样条件下测得待测溶液的吸光度，通过式（2-11）计算出其浓度。

式（2-11）常用于紫外线吸收法，如对蛋白质溶液含量的测定。因蛋白质在波长 280nm 处有最大吸收峰，利用已知蛋白质在波长 280nm 的摩尔消光系数，再读取待测蛋白质溶液的吸光度，即可算出待测蛋白质溶液的浓度，不需要显色，操作简便。

三、几种常用分光光度计简介

（一）722 型分光光度计

722 型分光光度计是在 721 型分光光度计基础上改造升级的产品，在性能上有较大的提高，是较高级的可见光分光光度计。722 型分光光度计采用自准式光路及单光束的结构，其波长范围为 320～1020nm。

自动调零自动调百；数字显示测量示值；样品室宽大，可容纳 5～100mm 比色皿；采用高性能钨灯，保证仪器的使用寿命；仪器采用先进的微机处理技术，操作简单；自动光门，保证光电传感器的使用寿命，仪器测试更加简单，选配输出端口，可连接打印机和电脑等是 722 型分光光度计的最大特点。

操作步骤如下。

1）接通电源，使仪器预热 20min。
2）<MODE>键设置测试方式：透射比（T），吸光度（A）。
3）调节波长选择旋钮设置所需的分析波长。
4）将样品溶液和被测样品溶液分别倒入比色皿中，打开样品室盖，将盛有溶液的比色皿分别插入比色皿槽中，盖上样品室盖。一般情况下，参比样品放在第一个槽位中。
5）将 %T 校具（黑体）置入光路中，在 T 方式下按 "%T" 键，此时显示器显示 "000.0"。

6）将参比样品推（拉）入光路中，按"0A/100%T"键调 0A/100%T，此时显示器显示的是"BLA"，直至显示"100.0"%T 或"0.000"A 为止。

7）当仪器显示器显示出"100.0"%T 或"0.000"A 后，将被测样品推（拉）入光路，这时可从显示器上得到被测样品吸光度值。

（二）751 型分光光度计

751 型分光光度计的波长范围为 200～1000nm，可测定各种物质在紫外光区、可见光及近红外光区的吸收光谱。该仪器采用石英棱镜做单色器；有氢弧灯和钨丝灯两种光源；在波长 320nm 以下用氢弧灯；在波长 320～1000nm 范围内用钨丝灯，单色光部件由狭缝、准直镜、棱镜等组成；安置在同一狭缝结构上的入射狭缝和出射狭缝，可以同时关闭。准直镜是半径为 1000nm 的球面镜。由准直镜反射的平行光，照亮整个棱镜面。棱镜是由石英制成的，对可见光和紫外光吸收很少。光学系统中的透镜也是石英制成的，适用于紫外光区使用。光电管暗盒内装有红敏光电管和紫敏光电管，还有微电流放大器。红敏光电管对红光敏感，使用波长在 625～1000nm；紫敏光电管对紫光敏感，使用波长在 625nm 以下。用光电管作受光器，经弱电流放大线路将光电流引至一个高值电阻，在电阻两端形成电压降，使少量的光电流产生放大的电压降。此仪器是通过测定电压降来间接地测定光电流的，可直接从刻度盘上读出吸光度及透光率。

1. 操作步骤

1）检查电源电压符合要求后，插上电源插头。

2）拨动光源灯座的把手，选择相应波长的光源灯。如有需要，可以在光路中插入滤光板，以减少杂散光。

3）打开电源开关，预热 20min，此时仪器各种开关和旋钮应处于关闭位置。

4）选择适当的比色杯。若测定波长在 350nm 以下用石英比色杯；测定波长在 350nm 以上用玻璃比色杯。比色杯盛入溶液后，放在比色杯架上，然后再放入暗箱内，盖好盖板。此时，空白溶液的比色杯应恰好处于光路中。

5）选择适当的光电管，若测定波长范围在 625～1000nm，用红敏光电管，应将手柄拉出；测定波长范围在 625nm 以下，用紫敏光电管，应将手柄推入。

6）将选择开关扳到"校正"处。转动选择波长的旋钮，使波长刻度对准所需的波长。

7）调节"暗电流"旋钮，使电表指针对准"0"位置。为了得到较高的准确度，每测定一次都应校正暗电流一次。

8）调节"灵敏度"旋钮，在正常情况下，从左面"停止"位置顺时针方向旋转 3～5 圈。

9）转动读数盘旋钮，使刻度处于透光率 100%的位置。打开选择开关到"×1"位置，再拉开光闸门，使单色光进入光电管。

10）调节狭缝旋钮，使电表指针处于"0"位置附近，而后用灵敏度旋钮仔细调节，使指针准确地指在"0"值位置上。

11）轻轻拉动比色杯架拉杆，使第一待测液处于光路中，这时电表指针偏离"0"位。再转动读数盘旋钮，重新使电表指针对准"0"位，刻度盘上的读数即为该待测液的吸光度。接着拉动拉杆使第二、第三比色杯对准光路，按相同的方法读取吸光度值。

12）完成一次测量后，立即关闭光闸门，以保护光电管。

13）在读数时，若选择开关处于"×1"位置，吸光度范围为 ∞——→0、透光率范围为 0～

100%。当透光率小于 10%时，可选用"×0.1"的选择开关，使之获得较精确的数值，此时读出的透光率值要除以 10；而相应吸光度值应加上 1.0。

14）测定完毕，将每个开关、旋钮、操作手柄等复原或关闭。取出比色杯洗净晾干。

2. 分光测定对波长的选择　测定波长对比色分析的准确度、灵敏度和选择性有很大的影响。选择波长的原则：要求"干扰最小，吸收最大"，因为吸光度越大，测定灵敏度越高，准确度也容易提高；干扰越小，则选择性越好，测定准确度越高。但选用的测定波长未必能同时获得最高灵敏度及最高准确度。如有 A、B 两种物质存在，A 物质最大吸收波长在 a 处，但在同样波长下 B 物质也有吸收，对测定有干扰。而在 b 波长处，B 物质无吸收，清除了 B 物质的干扰；此时 A 物质灵敏度虽有所降低，但提高了准确度。因此，选用 b 波长比较合适。

3. 注意事项

1）分光光度计为贵重的精密仪器，要防潮、防震、防腐蚀和防光。

防潮：仪器应放在干燥的地方，光电池附近应放置硅胶，以防光电池受潮后，灵敏度下降，甚至失效。

防震：仪器不要随意搬动且应放在固定的平稳台面上，旋转旋钮时，不可用力过猛，以免损坏机件。

防腐蚀：拉动比色杯架拉杆时动作应轻柔，比色杯中待测液应为其容量的 3/4，比色杯不应放在光度计上，以防待测液腐蚀机件内部或表面。

防光：使用时应防止强光照射，防止长时间的连续照射。

2）每台分光光度计的比色杯为本台专用，不可与其他分光光度计的比色杯互换。

3）拿取比色杯时，应手持比色杯的磨面；应用专门的擦镜纸擦拭比色杯的光滑面，不能用手、滤纸和毛刷等；用完后立即先用自来水冲洗，再用蒸馏水洗净、晾干。

第3节　电泳技术

带电粒子在电场中移动的现象称为电泳（electrophoresis）。电泳现象早在 1807 年就被俄国 Reuss 发现，但直到 1937 年瑞典科学家 Tiselius 制成电泳仪，才将其应用于分离和研究血清蛋白。近年来各种类型的电泳分析技术已成为鉴定生物大分子并分析其纯度的重要工具。核酸、核苷酸、蛋白质、氨基酸等很多重要的生物分子，都具有可解离的基团，在溶液中能够形成带电荷的粒子，因而，它们在电场的作用下就会发生移动。由于各种生物分子的性质、结构、形状、大小及其所带净电荷的多少不同，它们在电场中移动的速度也就不同，这就是电泳能使混合物得以分离的基本原理。电泳可分为：用支持物的区带电泳（zone electrophoresis）和不用支持物的自由界面电泳。区带电泳具有设备简单、操作方便、样品用量少等优点，因此应用比较广泛。

一、电泳法原理

将带电颗粒放在电场中。所受的力为 F，F 的大小由颗粒所带的电荷量 Q 和电场强度 E

所决定，即 $F=QE$。

根据斯托克斯（Stokes）定律，一个球形的粒子在溶液中运动时所受的阻力 F'，与粒子的运动速度 v、粒子的半径 r、物质的黏度 η 有关，即 $F'=6\pi r\eta v$（注：6π 为球形粒子的经验数值，其他形状的颗粒的数值不同）。

当粒子运动达到平衡时，$F=F'$，即 $QE=6\pi r\eta v$，带电粒子处于等速运动状态。

可得 $v=QE/6\pi r\eta$，由此可知，带电粒子在电场中的运动速度与电场强度和带电粒子所带的电荷量成正比，而与分子的大小和溶液黏度成反比。

带电粒子在电场中的移动速度常用迁移率（或称泳动度，mobility）M 来表示，即带电粒子在单位电场强度下的移动速度：$M=v/E$，故可导出：$M=Q/6\pi r\eta$，所以 M 是描述物质电泳行为的特征常数，不同种类的带电粒子迁移率是不同的。

实验中，移动速度 v 用单位时间 t（以 s 计）内移动的距离 d（以 cm 计）来表示，即：$v=d/t$。

电场强度 E 用单位距离 L（以 cm 计）内的电势差 U（以 V 计）表示，即 $E=U/L$。代入 $QE=6\pi r\eta v$ 中即得：$M=dL/Ut$；物质进行电泳，在电场中的移动距离为：$d=MUt/L$。通过测定 d、L、U、t 便可计算出带电粒子的泳动速度及其在电场中移动距离。

两种不同的粒子（如两种蛋白质分子）通常有不同的迁移率。若两种物质的迁移率不同，则能分离，若迁移率相同，则不能分离。分离的距离与实验所选择的条件如与电场的距离成反比，而与电压和电泳时间成正比。

总而言之，带电粒子在电场中的泳动速度取决于本身所带净电荷的多少、颗粒的大小和形状。

一般来说，粒子所带净电荷越少、粒子大且不为球形的，则泳动速度就越慢；反之则越快。多种蛋白质的混合物进行电泳时，由于各种蛋白质分子所带电荷不相同，它们在电场中会泳动到不同的位置上，从而形成若干条紧密的泳动区带，即各种蛋白质得以分离。

二、影响电泳的因素

（一）溶液的离子强度

离子强度过高，会降低蛋白质的带电量（压缩双电层，降低 Zeta 电势），使电泳速度减慢；离子强度过低，缓冲液的缓冲容量小，不易维持 pH 的稳定。常用离子强度在 0.01~0.20。

（二）电渗现象

在电场中，带电荷的液体对于携带相反电荷的固定相（电泳支持物）的相对移动，称为电渗。例如，构成滤纸的纤维中含羟基而带负电荷，与滤纸相接触的水溶液带正电荷，可向负极移动。由于电渗现象往往与电泳同时存在，所以带电粒子的移动距离也受电渗影响：如电泳方向与电渗相同，则实际电泳距离等于电泳距离加上电渗的距离；如电泳方向与电渗相反，则实际电泳的距离等于电泳的距离减去电渗的距离。琼脂中含有琼脂果胶（agaropectin），其中含有较多的硫酸根，所以在琼脂电泳时电渗现象很明显。用除去琼脂果胶的琼脂糖做凝胶电泳时，电渗性大为减弱。可用不带电的有色葡聚糖作为有色染料，点在支持物的中心，以观察电渗的方向和距离。

(三) 溶液的 pH

溶液的 pH 决定了带电粒子所带净电荷的多少。两性电解质如蛋白质，溶液的 pH 离其等电点越远，所带净电荷就越多，泳动速度就越快。因此，合适的 pH 可使所分离的不同的蛋白质所带的电荷量有较大差异，便于分离。为了保证溶液 pH 的稳定，应使用缓冲溶液。例如，分离血清蛋白质常用三羟甲基氨基甲烷（Tris）缓冲液或 pH8.6 的巴比妥缓冲液。

(四) 电场强度

电场强度是指单位长度的电位降，即电势梯度。例如，在电场中相距 10cm 的两个点电位降为 120V，则电场强度为 120/10=12V/cm。电场强度越高，则带电粒子的移动速度越快。但电压越高，电流也随之增高，产生的热量也会增加。发热会引起虹吸现象（电泳槽内液体被吸到支持物上）、支持物上离子强度增加（缓冲液中水分蒸发过多所致）、蛋白质的变性（过高的温度所致）等，影响物质的分离。所以，在高压电泳时常加用冷却装置。

三、几种常用电泳技术简介

(一) 琼脂及琼脂糖凝胶电泳

琼脂电泳是最先使用的凝胶电泳。将琼脂配成 1%～2% 的溶液，浇在玻璃上制成凝胶板，然后打孔、加样、电泳。其缺点是琼脂是一种强酸性物质，其组分中的果胶含较多的硫酸根，电渗作用严重；其优点是凝胶含水量大（98%～99%），近似自由电泳，分离样品受支持物影响较小，因此分辨力高、区带整齐、重复性较好。琼脂经过处理去除果胶后即为琼脂糖，由于琼脂糖中硫酸根含量较琼脂少，因此以琼脂糖凝胶进行电泳，无明显电渗现象，使分离效果显著提高，因此琼脂电泳正被琼脂糖凝胶电泳所代替。

(二) 聚丙烯酰胺凝胶电泳

聚丙烯酰胺凝胶电泳是以聚丙烯酰胺凝胶作为载体的一种区带电泳，这种凝胶由单体丙烯酰胺（Acr）和交联剂 N, N'-甲叉双丙烯酰胺（Bis）聚合而成。

单体或交联剂无论单独存在还是混合在一起都是稳定的，一旦出现自由基团时，就会发生聚合反应。自由基团的引发分为光化学法和化学法。光化学法是在光线照射下，由光敏感物质核黄素来引发的，催化剂是四甲基乙二胺（TEMED）；化学法的引发剂是过硫酸铵，催化剂也为 TEMED。由于交联剂、单体、催化剂及引发剂的浓度、比例和聚合条件等不同，便可产生不同孔径的凝胶，但决定凝胶孔径大小的因素主要是凝胶的浓度。实际应用中，常按分离物质的大小和形状来选择凝胶的浓度（表 2-2）。

表 2-2 不同分子质量范围所选用凝胶的浓度

分子质量范围（Da）	凝胶浓度（%）
核酸（RNA）	
<10 000	15～20
10 000～100 000	5～10
100 000～2 000 000	2～2.6

续表

分子质量范围（Da）	凝胶浓度（%）
蛋白质	
<10 000	20~30
10 000~40 000	15~20
40 000~100 000	10~15
100 000~500 000	5~10
>500 000	2~5

聚丙烯酰胺既可以铺成凝胶平板，平卧或垂直进行电泳（板状电泳），也可以装入玻璃管中，垂直进行电泳（柱状电泳）。构成电泳系统的各部分凝胶的孔径、浓度可各不相同，并且各部分缓冲液的 pH 可不相同，这样的电泳方式为"不连续系统"电泳，其特点是分辨率高，样品需要量少（1~100mg），混合物被分开后所形成的区带非常狭窄，呈圆盘状。不连续盘状电泳有较高的分辨力，是由于在电泳过程中存在三种物理效应：浓缩效应、电荷效应和分子筛效应。

1. 电荷效应 不同蛋白质的泳动度因所带有效电荷的不同而不同，在电泳时各种蛋白质就按泳动度大小顺序逐个分开，排列成一个一个的圆盘状区带。在进入分离胶时，电荷效应仍起作用。

2. 浓缩效应 电泳凝胶从上至下为样品胶、浓缩胶及分离胶三层。第三层凝胶为小孔径胶，缓冲液为 pH8.9 的 Tris-HCl；第一、二层凝胶属大孔径胶，缓冲液为 pH6.7 的 Tris-HCl；上下两槽电极缓冲液为 pH8.3 的 Tris-甘氨酸。这样就形成了缓冲液、pH、凝胶孔径的不连续性。最上层电极缓冲液中的甘氨酸在 pH8.3 时，可部分解离为 $NH_2CH_2COO^-$，样品胶中大部分蛋白质在 pH6.7 时也解离为带负电荷的粒子（因大部分蛋白质的等电点为 pH5.0 左右），三层胶中的 Tris-HCl 缓冲液中的 HCl 几乎全部电离为 Cl^-。通电后，电极缓冲液中的甘氨酸进入浓缩胶（缓冲液 pH 由 8.3 变为 6.7），使甘氨酸解离度降低，负电荷减少，迁移率明显下降（慢离子）；蛋白质有较多的负电荷，其迁移率居中；Cl^- 处于解离状态，且颗粒和摩擦力最小，其迁移率最大（快离子）。结果在凝胶中，离子迁移率为 Cl^->蛋白质>甘氨酸。快离子 Cl^- 迅速向前移动，在快离子原来停留的地方，形成低离子浓度的低电导区，使电势梯度增强，驱使蛋白质和甘氨酸在此区域加速前进，追赶快离子，夹在快慢离子中间的蛋白质样品在此追逐中被压挤成一条狭窄的区带，使蛋白质样品浓缩数百倍。

3. 分子筛效应 当被浓缩的蛋白质样品从浓缩胶进入分离胶时，凝胶孔径和 pH 的突然改变，会加快甘氨酸的解离，电荷增多，导致其泳动速度超过蛋白质的泳动速度，与 Cl^- 并驾齐驱。此时蛋白质在分离胶中，处于均一的 pH、均一电势梯度、均一的小孔凝胶下电泳。由于凝胶聚合物的多孔网状结构，对大分子物质的穿透有一定阻力，表现出分子筛的效应：颗粒小，形状为球形的分子受阻力小，泳动快；颗粒大且形状不规则的分子受阻力大，泳动速度慢。即使净电荷相近的组分，也可因分子大小不同，凭借分子筛效应而在分离胶中分离开来。

（三）等电聚焦电泳

等电聚焦电泳（IFE）是在电泳支持物中加入人工合成的两性电解质 Ampholine（一类脂

肪族的多氨基多羟基化合物）进行电泳。通电后，两性电解质形成一个由阳极到阴极逐步递增的 pH 梯度，当分离的蛋白质样品泳动时，不同的蛋白质泳动到与其等电点相当的 pH 位置便不再泳动，形成一条条集中的蛋白质区带——聚焦。其缺点是不适于在等电点不溶或易发生变性的蛋白质等电点进行测定；其优点是分辨率高，在等电点上只要有 0.02 pH 单位的差别就可以被分离，而且区带越走越窄，无扩散作用。这样电泳后测定各种蛋白质"聚焦"部位的 pH，即可直接得知它们的等电点。

（四）醋酸纤维薄膜电泳

采用醋酸纤维薄膜作为支持物的电泳方法称为醋酸纤维薄膜电泳。醋酸纤维是纤维素羟基乙酰化所形成的纤维素醋酸酯，将它溶于有机溶剂（如氯乙烯、丙酮、乙酸乙酯、氯仿等）后，涂抹成均匀的薄膜，干燥后就成为醋酸纤维薄膜。醋酸纤维薄膜是一种良好的电泳支持物，具有电渗现象小、电泳速度快、对样品吸附少及经透明处理后标本可以长期保存等优点。目前已广泛在实验室和临床检验中使用。

（五）毛细管电泳

毛细管电泳（CE）又称高效毛细管电泳，是一种高效液相分离技术，是现代的微柱分离和经典的电泳技术相结合的产物。它是一种以毛细管为分离通道，以高压直流电场为驱动力，依据样品中各组分之间淌度和分配行为的差异来实现分离的分析方法。按分离原理不同，毛细管电泳分离的基本模式主要包括毛细管凝胶电泳、毛细管区带电泳、毛细管电泳色谱、胶束电动毛细管色谱、毛细管等速电泳及毛细管等电聚焦电泳。其优点包括以下几点：高分辨率、高灵敏度、测定速度快、成本低。

第 4 节　层 析 技 术

一、层析法原理

层析法又称为色层分离法或色谱法。层析法是用来分离混合物中各种组分的分离方法。层析系统包括两个相：流动相与固定相。当流动相流过加有样品的固定相时，样品中各组分因为分配系数、吸附力、分子极性、分子形状和大小及分子亲和力等理化性质的差异，受流动相的推力与固定相的阻力影响不同，各组分在流动相与固定相之间的分配系数也不同，从而使各组分以不同的速度移动而分离。

层析法目前类型众多，且特性各异。层析法所用仪器也由最简单的自制组合装置发展成各种现代化的、全自动并带有数据处理系统的层析仪。因此层析法已成为生化研究的重要分析和分离手段，被用于分离氨基酸、核苷酸、糖、蛋白质和核酸等。

层析法的种类很多，根据支持物装填方式的不同可分为柱层析和薄层层析；根据两相状态的不同可分为气固层析、气液层析、液液层析、液固层析、凝胶层析等；根据分离原理不同可分为分配层析、吸附层析、凝胶过滤层析、离子交换层析、亲和层析和聚焦层析等。根据所用支持物的名称可分为纸层析、薄板层析等。

二、几种常用层析技术简介

（一）离子交换层析

离子交换层析是利用交换剂对各种离子有不同的亲和能力来分离混合物中各种离子的层析技术。其流动相是具有一定 pH 和一定离子强度的电解质溶液，其固定相是离子交换剂。

所谓离子交换作用是指溶液中的某一种离子与交换剂上的一种离子互相交换，即溶液中的离子跑到交换剂上面去，而交换剂上的离子被替换下来。

离子交换剂是一种具有特殊的网状结构的不溶性高分子化合物，对有机溶剂和酸碱有良好的化学稳定性。依据其不溶性物质（母体）的化学本质，可以分为离子交换树脂、离子交换葡聚糖、离子交换纤维素三类。依据离子交换剂中酸性及碱性基团的强弱又分为强酸型、弱酸型阳离子交换剂与强碱型、弱碱型阴离子交换剂。弱酸型与弱碱型交换剂交换能力弱，强酸型与强碱型交换剂交换能力强。依据交换剂的性质可以分为阴离子交换剂和阳离子交换剂两大类。阴离子交换剂含有带正电荷的碱性基团，能与溶液中的阴离子进行交换；阳离子交换剂含有带负电荷的酸性基团，能与溶液中的阳离子进行交换。

主要依据被分离物质的种类及性质来选择离子交换剂。一般大分子物质如核酸、蛋白质等多采用离子交换交联葡聚糖或离子交换纤维素，小分子物质用离子交换树脂。在一般情况下，可参照被分离物质的电泳行为来选择。例如，在某一 pH 条件下电泳，向阴极移动的物质可被阳离子交换剂所吸附，向阳极移动的物质可被阴离子交换剂所吸附。

离子交换剂使用前需要"转型"，先以水浸透使之充分吸水膨胀，再用酸、碱处理以除去交换剂中水不溶性杂质，并使之转变为带 H^+ 或 OH^- 的形式。例如，离子交换纤维素或离子葡聚糖常用 0.1～0.5mol/L 的 HCl 和 NaOH 处理；使用过的离子交换剂，也可以用这种处理方法"再生"为原来的离子型。

加样量因实验目的与离子交换剂交换量的不同而有所不同。通常在柱上吸附样品离子的区带要紧密且不超过柱床体积的 1%～10%，而且为了尽量减少其他离子的干扰，样品溶液的离子强度要低而且 pH 也要适当。

然后，用基本不会改变交换剂对样品离子吸附状况的溶液（例如，低离子强度的起始缓冲液）充分冲洗层析柱，将未吸附的物质洗出。

最后，加入适当的洗脱液，逐步改变溶液的 pH 或离子强度，使被吸附的离子与交换剂的亲和力降低，样品离子中的不同组分便会以不同速度从层析柱被洗脱下来。溶液 pH 的改变，可影响样品中物质的电离（如蛋白质的电离），从而减弱交换剂对样品离子的亲和力；而洗脱液的离子强度的逐步增加，可提高洗脱液中的离子和样品离子竞争与交换吸附剂结合的能力，使样品离子逐步从交换吸附剂上洗脱下来。

离子交换层析的洗脱方法有两种类型：①"梯度洗脱"，是通过专门的梯度发生装置，使洗脱液的 pH 或离子强度逐渐变化。这种变化是连续的，而不是阶梯式的，分离效果比较理想；②"阶段洗脱"，将几种不同离子强度或 pH 的洗脱液依次相继地加进去。这种方法简便，但洗脱液离子强度或 pH 的改变是不连续的，样品中各组分也要以阶梯形式分若干阶段洗脱下来，分离效果往往不够理想。

（二）吸附层析

吸附层析是指混合物随流动相经过由吸附剂组成的固定相时，由于吸附剂对不同物质的不同吸附力,而使混合物分离的方法。吸附力的强弱,与吸附剂本身的性质、被吸附物质的性质、周围溶液的组成有关。吸附剂的吸附能力随周围溶剂成分的改变而改变,使被吸附物质从吸附剂上解吸下来,这种解吸过程亦称为展层或洗脱。

在样品中的物质被吸附剂吸附后,利用吸附剂这种吸附能力可受溶剂影响而发生改变的性质,用合适的洗脱液洗脱,使被吸附的物质解吸而随洗脱液向前移动。但这些解吸下来的物质向前移动时,遇到前面新的吸附剂时又被吸附,它要在后来的洗脱液洗脱下重新解吸下来,继续向前移动。经过这样的吸附—解吸—再吸附—再解吸的反复过程,物质即可沿洗脱液的前进方向移动。其移动速度取决于当时条件下吸附剂对该物质的吸附能力。若吸附剂对该物质的吸附能力弱,其向前移动的速度快;反之,若吸附能力强,其向前移动的速度慢。因为同一种吸附剂对样品中各组分的吸附能力不同,所以在洗脱过程中各组分便会由于移动速度不同而被逐渐分离出来,这就是吸附层析的基本过程。

适用于吸附层析的吸附剂种类很多,其中应用最广的是硅胶、氧化铝及活性炭等,可根据待分离物质的种类与实验的要求适当选用。

吸附层析根据操作方式的不同,分为薄层层析和柱层析。

1. 薄层层析　　因为层析是在薄板上进行,故称为薄层层析。吸附剂在玻璃板上被均匀地铺成薄层,再把样品点在薄层板的一端。接着将点样端浸入适当的溶剂中,使溶剂在薄层板上扩展,通过吸附—解吸—再吸附—再解吸的反复过程,将样品中各个组分展层。它操作简便、快速、灵敏、分离效果好,因而被广泛应用。

薄层板的制备:所用玻璃板的表面必须清洁、光滑。玻璃形状多为正方形或长方形。制备薄层板有两种方法:加黏合剂(如羟甲基纤维素或煅石膏等),将吸附剂加水调成糊状再铺板,经干燥后才能使用,常称为"硬板",其制备较复杂,但易于保存;不加黏合剂,将吸附剂干粉直接均匀铺在玻璃板上,常称为"软板"。其制作简单方便,但易被吹散。

薄层层析的展层要在密闭的层析缸中进行,展层所需时间因薄层板的长度与展层的方式(下行、上行或其他)而异,可从数分钟到数小时不等,一般以展开剂的前沿走到距薄层板边2~3cm时停止展层,然后取出记下前沿位置,再进行干燥和显色。

2. 柱层析　　柱层析用玻璃柱装固定相。柱层析所用的玻璃柱,是一根适当尺寸的细长玻璃管,其下端封闭而只留有一个小的出口。在层析柱的底部要铺垫玻璃棉、细孔尼龙网、垂熔滤板等细孔滤器,使装入柱内的固定相不致流失;柱中充填被溶剂湿润的吸附剂,即成为吸附柱。然后在柱顶部加入待分离的样品溶液。假如样品内含A与B两种成分,则二者被吸附在柱上端,形成色圈。样品溶液全部流入吸附柱中之后,随即加入合适的溶剂洗脱。在洗脱过程中,原来被吸附的A、B两种成分逐步解吸下来,经过反复的吸附—解吸—再吸附—再解吸的过程,A与B随着溶剂的向下流动而移动。因为溶剂对A与B的溶解力及吸附剂对A、B的吸附力的不同,所以A与B以不同的速度向下移动而逐渐分离,并从下端出口流出。分步收集洗脱液,即可得到各个组分分离的溶液。

(三)聚焦层析

聚焦层析技术具有聚焦作用,分辨率相当高。它是根据蛋白质的等电点,结合离子交换技术来分离提纯蛋白质的一种柱层析法。

聚焦层析所使用的离子交换剂(如阴离子交换剂PBEN)上的带电基团具有缓冲作用,能使包含有多个缓冲体系的多功能洗脱液在柱内自动地形成pH梯度。被分离的蛋白质随着洗脱液通过层析柱时，在不同的部位其所处环境的 pH 不同，因而其所带的电荷的性质及数量不断改变。当柱内环境 pH 与其等电点相同时，蛋白质分子则为兼性离子。这样，被分离的蛋白质分子与离子交换剂的交换过程不断地变化着，最后被洗脱到柱外。不同蛋白质的等电点不同，因而在层析柱内相同的 pH 梯度环境下带电情况不同，与柱内的离子交换剂的结合与分离情况不同，结果就导致被洗脱的快慢不同。因此各种蛋白质得以分离。

聚焦层析一般适用于等电点在 pH 3～11 范围内的两性水溶性大分子如多肽、蛋白质及 RNA 等的分离。其优点在于：操作简单而快速，分辨力高，一次可提纯多达几百毫升的样品。

聚焦层析也可以与亲和层析或凝胶过滤等其他分离方法联合使用，从而获得更好的分离效果。

（四）分配层析

分配层析是利用混合物在两种或两种以上的不同溶剂中的分配系数不同而使物质分离的方法。所谓分配系数是指一种溶质在两种互不相溶的溶剂中的溶解达到平衡时，该溶质在两相溶剂中浓度的比值。在等压、等温条件下可用下式表示：

$$K = K_2/K_1 \tag{2-12}$$

式中，K 是分配系数；K_1 是溶质在流动相中的浓度；K_2 是溶质在固定相中的浓度。不同物质因性质不同，其分配系数也是不同的。

分配层析中应用最广泛的是纸层析，纸层析对核苷、维生素、糖等小分子物质及肽类、氨基酸、核苷酸的分离鉴定十分有用。

纸层析是以滤纸作为一种惰性支持物。滤纸纤维虽与有机溶剂亲和力较弱，但滤纸纤维和水有较强的亲和力（能吸附 22% 左右的水），所以滤纸可以看作是含水的惰性支持物，水是固定相。如果一种不含水的有机溶剂（流动相）通过毛细管作用沿滤纸流动经过样品点时，样品作为溶质必然在有机相（流动相）与水相（固定相）之间进行分配，一部分溶质离开原点随有机相移动，进入无溶质区域，此时又重新进行分配，一部分溶质从有机相进入水相。当有机溶剂不断流动时，溶质也就不断地进行分配，并沿有机相流动的方向移动。溶质在固定相中溶解度越小，该溶质在纸上随流动相移动速度就越快，反之越慢。由于溶质中各种不同组分移动速度不同，因此彼此分开。溶质在纸上移动速度可用 R_f 值表示：

$$R_f = \frac{\text{色斑中心至原点中心的距离}}{\text{溶剂前沿至原点中心的距离}} \tag{2-13}$$

R_f 是物质的相对迁移率（relative mobility），它主要取决于被分离物质在两相间的分配系数和两相的体积比。在同一实验条件下，两相的体积比为常数，R_f 因不同物质分配系数的不同而不同，可根据 R_f 值来鉴定被分离的物质。

纸层析法分为水平型和垂直型。水平型是将圆形滤纸置于水平位，溶剂由中心向四周扩散。垂直型是将滤纸条悬起，使流动相向上或向下扩散。

垂直型使用较多，按分离物质的多寡，将滤纸裁成长条，在某一段离边缘 2～4cm 处点样，待干后，将点样端边缘与溶液接触，在密盖的玻璃缸内进行展开。可下行展开，也可上行展开。

上述方法只用一种溶剂系统进行一次展开，称为单向层析。如果样品成分较多，而且彼此的 R_f 值相近，单向层析分离技术效果不佳，此时可采用双向层析法：在正方形或长方形滤纸的一角点样，将滤纸卷成圆筒形，先用第一种溶剂系统展开，展开完毕吹干后，转 90°，再加入另一种溶剂系统中，向另一方向进行第二次展开，如此各成分分离较为清晰，如混合氨基酸的双向纸层析。

（五）亲和层析

亲和层析又称"生物专一吸附"或"功能层析"。作为一种特制的具有专一吸附能力的吸附剂上进行的层析，亲和层析是根据生物大分子物质能与一些物质进行专一性结合的特性设计出来的一种层析法。在一定的条件下，有些物质只能与某一种生物大分子结合，而不与其他生物大分子结合；当溶液 pH、离子强度改变时，它又会解离。例如，互补的 RNA（或 DNA）单链之间、特异性抗原和抗体、激素和它的受体的结合；一些酶的抑制剂、底物、辅酶或辅因子，可以和其相应的酶（酶蛋白）专一性结合等都属于此范畴。如果用化学方法把一种酶的抑制剂或底物固定到一种固体支持物上（如 Sepharose 4B）制成专一吸附剂，并用这种吸附剂装配层析柱，让含有这种酶的样品溶液通过层析柱，结果该酶便被吸附在层析柱上，而其他的蛋白质或酶则不被吸附，全部通过层析柱流出。然后再用适当的缓冲液，将欲分离的酶从层析柱上洗脱下来，这样一次便可将酶高度提纯。

下面以胰蛋白酶的亲和层析为例来说明亲和层析的原理。鸡蛋清的卵类黏蛋白是胰蛋白酶的天然抑制剂。先将一定量的卵类黏蛋白直接偶联到溴化氰活化过的 Sepharose 4B 上，然后制成层析柱。用一定量的商品胰蛋白酶溶液或活化的牛胰液上柱，在 pH7.5 的条件下胰蛋白酶被吸附在层析柱上，同时用 pH7.5 的缓冲液进行洗脱，除去不吸附的蛋白质。然后改用 pH2.5 的缓冲液进行洗脱，分段收集，并分别测定各分段的蛋白质含量和酶的活性，绘制洗脱曲线。

亲和层析所用的固定相载体要有疏松的网状结构和良好的机械强度，不易变形，而且化学性质稳定，物理吸附能力弱，不带电荷，最好呈圆珠状，以便提高流速。固相载体常用凝胶（葡聚糖凝胶、琼脂糖凝胶及聚丙烯酰胺凝胶）微球、纤维素微球及多孔玻璃微球等。琼脂糖凝胶亲水能力最强，物理和化学性质比较稳定，且具有疏松的网状结构，可让分子量达百万的大分子自由通过，故琼脂糖凝胶微球用得最普遍，可用 6B 和 2B 型（即含琼脂糖 6% 和 2%的凝胶），但多用 Sepharose 4B（即含琼脂糖 4%的凝胶）。

值得注意的是载体与配基结合后，会占去配基分子表面部分位置，从而妨碍配基与亲和大分子的可逆性结合。若在配基与载体间接上一个适当长度的"手臂"，空间障碍就可得以减轻或消除，有效地促进配基与亲和大分子的特异性结合。因此琼脂糖在使用前需要进行活化，这种活化是在碱性条件下，用溴化氰处理，然后才能接上适当长度的"手臂"，继而再接上配基，即成为完整亲和吸附剂。

在载体与配基之间接上"手臂"，常用的方法是使琼脂进行 ω-氨基烷化。常用的物质是：$H_2N(CH_2)_6NH_2$（1,6-己二胺）、$H_2NCH_2CH_2NH_2$（乙二胺）、$H_2N(CH_2)_3NH(CH_2)_3NH_2$（3,3′-二氨基二丙胺）。

（六）凝胶层析

凝胶层析主要是根据多孔凝胶对不同大小分子的排阻效应，使不同大小分子得到分离纯化的一种层析技术。所谓排阻效应是指小分子可进入凝胶颗粒内部，而大分子不能进入凝胶孔而被排阻在凝胶颗粒之外。凝胶层析法是分子筛的一种，故又称分子筛层析。分子筛指的是一些多孔介质，其中效果较好的有聚丙烯酰胺凝胶（又称生物胶，Bio-Gel-p）、交联葡聚糖凝胶（商品名是 Sephadex）与琼脂糖凝胶（agarose gel）等。

分子筛的基本原理如下：在长玻璃圆柱中充填颗粒状介质，介质内部存在大小不一的孔隙。将几种分子大小不同的混合液加在柱的顶部，再用缓冲液洗脱，这时分子量大的蛋白质因完全不能进入介质颗粒内的孔隙，而只经过介质颗粒之间的空隙即自由空间，而分子量小的蛋白质可进入介质颗粒内的孔隙中。因此在洗脱时，分子量小的蛋白质由于能进入颗粒内部孔隙，必须通过全部颗粒的孔隙及自由空间后才从层析柱下端流出，流程长，流速慢，而分子量大的蛋白质在通过自由空间后就从层析柱下端流出，流程短，流速快。蛋白质分子量大小介于上述两者之间的，只能进入一部分颗粒内部较大的孔隙，而不能进入颗粒内部较小的孔隙，即不能进入全部颗粒内部的孔隙，洗脱时该蛋白质流过的空间只能包括它进入的那部分颗粒的孔隙及全部自由空间，流速居中。因此在整个洗脱过程中分子量大的最先流出，分子量稍小的后流出，分子最小的最后流出，这种现象称为分子筛效应。

各种分子筛的孔隙大小分布有一个范围，有最小极限和最大极限。如果分子直径比最小孔隙的直径还小，这种分子能进入介质颗粒内部的全部孔隙。两种都能进入介质颗粒全部孔隙的分子即使分子大小不同，也同样没有分离效果。如分子直径比最大孔隙的直径还大，这种分子就被全部排阻在介质颗粒外，称为全排出。两种全排出的分子即使分子大小直径不同，也不可能有分离效果。因此任何一种分子筛，都有它一定的使用范围，选用时必须注意。

凝胶层析中最常用的交联葡聚糖凝胶，是由细菌葡聚糖（又称右旋糖苷，由许多右旋葡萄糖单位通过 1,6-糖苷键连接而成），在糖的长链间用交联剂 1-氯-2,3-环氧丙烷交联而成。

在制备交联葡聚糖时，如使用的交联剂少，链间交联就少，凝胶的孔隙就大。反之，凝胶孔隙就小。G 值代表不同的交联度。G 值越小，交联度越大，孔隙和吸水量就越小。G 值所附的数值是指该型号的交联葡聚糖每克干重吸水量的十倍。例如，Sephadex G-75，每克干重吸水量为 7.5g，故 7.5×10=75。床体积是指每克干凝胶溶胀后在柱中自由沉积所成柱床的体积。

凝胶层析时，物质的分子大小不同，洗脱体积亦不同。分子量与洗脱体积相关。因此在有适当的已知分子量的物质作标准进行比较的条件下，就可以根据洗脱体积来估计物质的分子量。

第 5 节　生化自动分析技术

一、生化自动分析技术原理

生化自动分析技术是指用机械模拟手工操作，完成分析的各个步骤，并使用分析程序把这些步骤连接起来，使从取样至发出最后报告的一个分析项目的全部过程能够按预先设定的指令自动完成的分析技术。其优点为可以同时对多个样品按多种方式或按同一方式处理。还可按一定指令对不符合要求的分析结果或样品进行鉴别剔除。各种生化自动分析仪都配备有电脑，用电脑来控制分析程序、进行数据处理得出结果，并以此来进行质控和自动报警。

二、几种常用生化自动分析仪简介

按分析功能来区分,可将生化自动分析仪分为大型(8~12通道或更多)、中型(2~6通道)及小型(单通道)三类。依据机械设计的原理不同,生化自动分析仪一般又可分为离心式、管道流动式和分立式三类。

(一)离心式生化自动分析仪

离心式生化自动分析仪是在一个能转动的离心圆盘上进行加样、反应及测定等全部过程。其优点是反应很快(一般可在几分钟内完成),样品和试剂用量很少(一般只要数十微升)及连续比色(能在1s内对全部样品进行多次比色)。目前这类分析仪都配有电脑进行自动控制和数据分析。

1. 仪器结构

(1)转头　　为仪器的核心部分,由一个带有特殊形式的加样槽、反应槽、比色槽的测定圆盘、盘座、固定螺盖和外罩等组件构成。

圆盘由透明塑料制成,大小规格不同的圆盘,可容纳个数不同的样品,一般为20孔,也有40孔者。

转头的旋转由电机驱动,有慢速、中速、快速三种。

(2)加热器　　动态分析时需保持恒温,因此在盘座内装有恒温系统,包括恒温控制器和加热器。

(3)比色计　　包括光源、滤光片、光电转换器、数据处理系统及打字机等组件。比色计的光源安装在转头的外罩上,正对着转盘的比色孔;光电转换器安装在转头下,为灵敏度很高的光电倍增管。测定结果则由电脑处理;在动态分析时,可持续进行多次比色测定。最后由打印机打印出测定结果及评价。

(4)自动控制板　　实际上为一台专用电脑组成的仪器指挥中枢,可即时运用键盘编制程序,可由固定程序磁带输入指定操作程序,也可事先贮编制成的操作程序等,命令仪器按照指定项目,执行加样、加试剂至比色、数据分析处理,包括测定过程中的温度、时间、波长选择、质量检查等各项工作。

2. 使用方法　　具体的操作因仪器构造的不同而不同,一般使用步骤如下所述。

1)打开机器,选定项目,输入程序。

2)准备待检样品及试剂。

3)启动自动加样器,向反应盘内加入样品及试剂。将反应盘安置在离心机内,拧紧固定螺旋盖,盖上外罩。

4)开动离心分析仪,使反应盘慢速转动,从而混合样品与试剂;接通加热器,升温并保持恒温;比色计光源灯亮。

数分钟后反应完成,离心机开始以40 000r/min的转速高速转动,使反应液进入比色槽。然后变为中速转动,仪器进入比色测定状态;约1min后输出全部测定结果及分析结果。

5)关掉机器,取出测定圆盘。

(二)管道流动式生化自动分析仪

管道流动式生化自动分析仪是指在同一管道内进行样品与试剂的混合、保温、去蛋白、比色等全部过程。整个试验在不断流动中完成。仪器各主要部分基本结构及工作原理的介绍如下。

1. **样品盘**　　一般是圆形转盘，盘上具有放置样品管的圆孔。另外还有一个可上下移动、可转动并受时间控制器控制的取样头。

2. **比例泵**　　又称定量分配泵，确定被分析的样品的用量与各试剂的用量。因此它是定量分析的核心部件。

比例泵由电机带动的泵壳、泵芯与泵管构成，各种不同内径的泵管排列在泵壳与泵芯之间。泵管的一端连接反应管道与连接管，另一端连接取样管或试剂管（瓶）与连接管。根据规定容量及程序，电机转动时，泵芯上的转动柱轮流压挤泵管，可驱使样品、试剂、空气泡进入反应管道。电机转动时，还可驱使每个样品进入分析仪，直到输出结果、送出废液。

3. **混合螺旋管**　　是由玻璃制成的螺旋形管道，可使相对密度不同的试剂与样品在螺旋管道内流动（转动）时，因旋转而充分混合，从而使反应能够顺利进行。

4. **透析器**　　为管道流动式生化自动分析仪的特有部件。它是由两块紧密吻合的有机玻璃板组成，其上刻有两条相对应的半圆槽，两板之间夹有一层半透膜，构成一组透析管。同一时间，当样品与第一试剂流经透析管上侧时，第二试剂流经透析管下侧，样品中的被测成分可透入下侧管腔与第二试剂起反应，而蛋白质等大分子物质则不能透过而与之分离。

5. **恒温加热器**　　由恒温槽和螺旋管组成，一般分短、长两组。当试验需要维持一定的温度时，则使试液通过螺旋管，加热或保温时间取决于螺旋管的长度。

6. **比色计**　　由去泡管、光源灯、流动比色管、滤光片及光电管（或光电池）组成。流动比色管有多种。由于在整个反应管道中，都需要一定比例的气泡参与运行，但在比色时，则必须去掉气泡，才能进入比色管完成比色。因此有专门用于去除气泡的去泡管，它是由玻璃制成的。也有将比色管和去泡管组成一个整体的。

7. **记录器**　　是样品测定结果的最后显示部分。有的记录在专用的报告纸上，也有的用打印机打印出数据。

多通道分析仪则具有多组管道，每组承担一个项目，同时进行分析，最后结果则绘成图表，或集中打印输出。

管道流动式生化自动分析仪结构简单，噪声微弱，精度较高，可以满足临床需要，其分析速度远远超过手工操作。以SMAC12/60型机为例，它可对1份样品同时做12个项目的分析，这几乎包括了生化检验的全部常规项目。它每小时可做60个样品的分析，因此每小时可做720个项目的分析，这至少相当于5个技术员8h的工作量。

（三）分立式生化自动分析仪

分立式生化自动分析仪是以机械的动作模拟手工动作，连续完成取样、加试剂、保温、除蛋白、显色、比色、计算和记录结果等一般生化分析步骤，以及编号、混合、清洗等辅助动作。现将其基本结构分述如下。

1. **试管**　　有的用塑料试管，有的用玻璃试管，但是其透光率可做得完全相同，并可代替比色杯用于比色。一般都是供一次性使用。

2. **试管架**　　有的试管架是固定在链轨上，形成一个闭路转动环，试管则固定在试管架上，使用后，经过清洗、烘干，可重复循环使用。有的试管架设计和普通试管架相似，每架上可装10支试管，各试管架之间没有任何连接，靠手工搬运（半自动）或机械传运（全自动)。

3. **样品盘**　　是盛放样品的容器。其结构因传送样品方式的不同而不同；一般转动传输者为圆形，直线传输者为方形。

4. **采样器**　　由微量注射器、转向器和定量栓组成。它可从样品管中取出规定量的样品，加入测定管中。一般都是与第一加液器做成一体。

5. **加液器**　　由定量栓和分注器构成，可以有2～3个配置在分析仪中，根据分析程序，加规定剂量的不同试剂。

6. **比色计**　　根据其比色方式，分立式生化自动分析仪的比色计可分为吸入比色式和直接比色式两种。吸入比色式使用特别探针，将反应液吸入专用的比色池进行比色；直接比色式则是以反应试管作为比色管。根据比色计的特性，又有光栅分光比色计与滤光片比色计、紫外光谱比色计和可见光谱比色计之分。

7. **记录器**　　根据设计的不同，分为数字打印式记录器和图谱描记式记录器，或两者兼有。

【思考题】

请说明动物生物化学实验常用的离心法、分光光度法、电泳法、层析技术及生化自动分析技术的基本原理。

小　结

本章系统介绍了离心法、分光光度法、电泳法、层析技术及生化自动分析技术的基本原理，几种常见的离心技术（差速离心法、沉降平衡法和沉降速度法），分光光度计（722型分光光度计、751型分光光度计），电泳方法（醋酸纤维薄膜电泳、琼脂糖凝胶电泳、聚丙烯酰胺凝胶电泳、等电聚焦电泳、毛细管电泳），层析技术（吸附层析、分配层析、离子交换层析、凝胶层析与亲和层析）及生化自动分析仪（离心式生化自动分析仪、管道流动式生化自动分析仪、分立式生化自动分析仪）。

第三章 动物生物化学高级实验

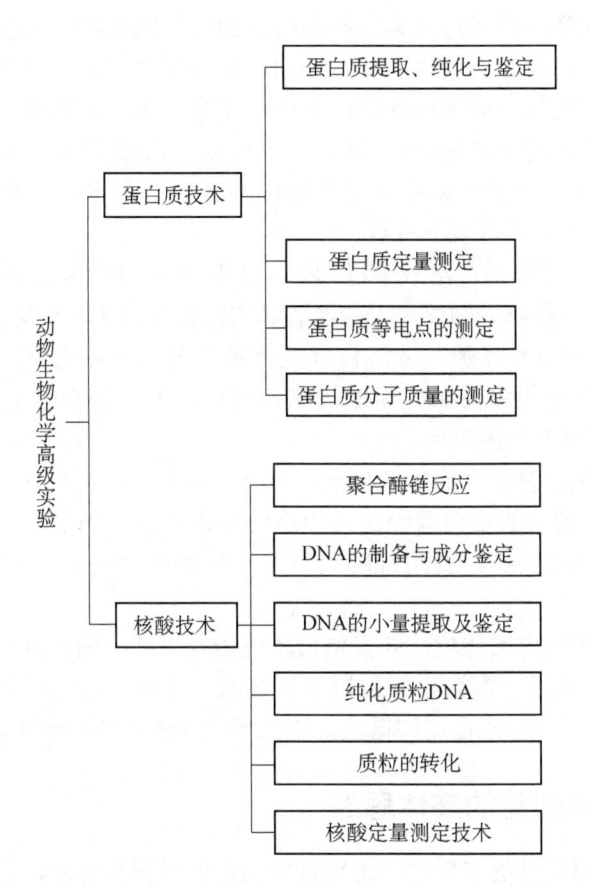

```
                            ┌── 蛋白质提取、纯化与鉴定
                            │
              ┌── 蛋白质技术 ─┼── 蛋白质定量测定
              │             │
              │             ├── 蛋白质等电点的测定
              │             │
              │             └── 蛋白质分子质量的测定
动物生物化学高级实验 ─┤
              │             ┌── 聚合酶链反应
              │             │
              │             ├── DNA的制备与成分鉴定
              │             │
              │             ├── DNA的小量提取及鉴定
              └── 核酸技术 ──┤
                            ├── 纯化质粒DNA
                            │
                            ├── 质粒的转化
                            │
                            └── 核酸定量测定技术
```

　　动物生物化学高级实验结合理论课所学内容相应地安排实验课，力求实验内容与理论教学内容相协调。本章系统介绍蛋白质提取、纯化与鉴定，蛋白质定量测定，蛋白质等电点的测定，蛋白质分子质量的测定，核酸的制备与成分鉴定、纯化及定量测定等高级技术的原理、操作步骤及注意事项，在实验过程中可使学生的创新能力和综合素质得以提高。

第 1 节 蛋白质提取、纯化与鉴定

进入后基因组时代,蛋白质结构与功能的研究已进入一个前所未有的高度。然而如果要研究蛋白质的结构与功能,首先必须解决其提取纯化的问题,但蛋白质的提取纯化是一项十分复杂的工作,并且没有固定的程序。

一、蛋白质提取纯化的主要特点

蛋白质提取纯化的基本原理是以其性质为依据的,不同生物组织所含蛋白质的含量、种类等存在差异,各种蛋白质的性质也不同,因此,蛋白质的提取和纯化过程通常没有固定的技术路线。一般根据目的蛋白的理化性质,如分子质量大小、等电点、形状、热稳定性及其所在的组织等,设计特定的提取纯化技术路线,采用不同的提取纯化和鉴定方法。值得注意的是,任何一种蛋白质的提取纯化很难完全照搬到其他蛋白质的提取纯化过程中。概括来说,蛋白质的提取纯化主要具有以下特点。

1)蛋白质的制备几乎都是在溶液中进行的,不易准确判断 pH、温度、离子强度等参数对溶液中各种成分的综合影响,因而个人的经验和实验技能对实验结果会有较大影响。

2)生物材料的组成极其复杂,常常含有数百种乃至几千种化合物,且有不少未知化合物。有的蛋白质在分离过程中仍在持续地代谢,所以,不同蛋白质的提取纯化方法差别极大,想找到一种通用方法是很困难的。

3)许多蛋白质在生物材料中的含量极微,只有万分之一,甚至几百万分之一。提取纯化的流程又长又繁琐,有的目的蛋白要经过几十步的操作才能达到所需纯度。例如,从脑垂体组织提取某些激素的释放因子,要用几吨乃至几十吨的生物材料,才能提取得到几毫克的样品。

4)一旦离开了生物体内的环境,许多蛋白质就极易失活,因此蛋白质提取制备中的关键环节之一是如何防止其失活。高温、剧烈搅拌、过碱、过酸、强辐射及自溶等都会使蛋白质变性而失活,所以提取纯化时应选用如低温、中性等适宜的条件和环境。

二、蛋白质提取纯化的整体思路

1)确定制备蛋白质的目的和要求,是现有蛋白质的科研和开发,还是新蛋白质的发现。不同的实验目的会影响对生物材料的选择、提取纯化工艺及方法。

2)通过查阅文献和预备实验,依据目标蛋白的理化性质和生物学特性,初步确定提取纯化的方法。

3)最困难的过程是分离纯化方案的探索和选择。首先将目的蛋白用溶液从样品中抽提出来,获得粗提液。再采用各种方法纯化粗提液中的目的蛋白,获得单一的蛋白质组分并进行鉴定。

蛋白质的提取纯化方法主要是利用分子之间的各种差异,如分子的形状、大小、极性、溶解性、电荷及与其他分子的特异性结合等。其基本原理可以归纳为两个方面:①离心、电泳、超滤等是将混合物置于某一相（大多数是液相）中，通过物理力的作用，使各组分分配于不同的区域，从而达到分离的目的。②层析、盐析、有机溶剂沉淀和结晶等是利用混合物中几个组分分配系数的差异，把它们分配到两个或几个相中。往往要综合运用多种方法，才能制备出高纯度的蛋白质。

4）可靠的分析测定方法的建立是制备蛋白质的关键。因为它能在纯化过程中监测目标蛋白及其纯度、含量、活性等指标的变化，从而确定合理的纯化方案。

分析测定的方法包括定量和定性两个方面。定量方法主要是测定目标蛋白的含量、纯度等指标，采用的方法主要有光谱法（红外、可见光、紫外和荧光等分光光度法）、高效液相色谱法（HPLC）、电泳法、放射免疫法和酶标法等；定性方法可依据其等电点、分子量等参数的测定进行初步的判断，并进一步采用质谱、蛋白质印迹、活性分析等方法确定。如果分离的是酶，则可简单地采用酶活力分析的方法确定。简单且快速是蛋白质纯化过程中最主要的分析要求。

5）蛋白质纯度的鉴定。蛋白质要求达到毛细管电泳和高效液相色谱都是1个峰，或单向电泳1条带，双向电泳1个点。基因工程药物可能要求测定末端氨基酸的种类。

纯度鉴定最常用的方法是等电聚焦电泳和SDS-聚丙烯酰胺凝胶电泳，二者联合鉴定更好，必要时再做N端氨基酸残基的分析鉴定。蛋白质纯度的鉴定最好采用2~3种不同原理的纯度鉴定法才能准确确定。

6）产物的浓缩、干燥和保存。为保持生物学活性，蛋白质的浓缩和干燥一般采用超滤、冻干等技术。纯化的蛋白质一般在低温条件下保存。

通常，在工业生产上人们更加关注产率，在科研上则希望纯度尽可能高，可以牺牲一些回收率。

总之，蛋白质提取纯化的实验方法和流程的设计，必须充分掌握文献，多参照前人的工作。

三、蛋白质提取纯化的一般步骤和方法

（一）生物材料的选择

制备蛋白质首先要选择适当的生物材料。理想的样品应具有以下特点：目的蛋白含量丰富；稳定性好、新鲜、易保存；干扰成分少；经济、具有综合利用价值。

从工业生产角度选择材料，应选择来源丰富、含量高、成本低、制备工艺简单的原料，但不可能面面俱到，有的材料含量低些但易于获得纯品，有的材料含量丰富但来源有限，有的材料含量和来源理想，但材料的提取纯化流程很长，方法烦琐。因此要根据具体情况做好取舍。

从科研工作的角度选择材料，符合实验预定的目标要求即可，但应注意动物的性别、年龄、营养状况、生理状态和遗传背景等。动物在饥饿时，糖类和脂类含量相对减少，有利于蛋白质的提取分离。

材料选定后要尽可能保持其新鲜，马上加工处理，如暂不提取，应深度冷冻保存。动物组织要先除去脂肪、结缔组织等非活性部分，绞碎后用适当的溶剂提取，如果所要求的成分在细胞内，则要先破碎细胞。

（二）细胞的破碎

细胞内或生物组织中的各种蛋白质的提取纯化，一般需要先将细胞和组织破碎，使蛋白质充分释放到溶液中，并不丢失生物活性。同一生物体不同部位的组织或不同的生物体，其细胞破碎的难易不一，使用的方法也不相同。常用的细胞破碎方法有以下几种。

1. 物理法

（1）压榨法　　在100～200MPa的高压下使几十毫升的细胞悬液通过一个小孔突然释放至常压，细胞将彻底破碎。这是一种温和的、彻底破碎细胞的较理想的方法，但仪器价格较高。

（2）反复冻融法　　将待破碎的细胞在-20～-15℃冷冻，然后放于40℃（或室温）迅速融化，如此反复冻融多次，由于细胞内形成冰粒，使剩余细胞液的盐浓度增高而引起细胞溶胀破碎，但反复冻融可能会降低酶的活力。

（3）超声波处理法　　借助超声波的振动力破碎细胞壁和细胞器。破碎酵母菌和细菌时，时间要长一些，处理的效果与超声波频率、处理时间、样品浓度有关。操作时注意降温，防止过热。

2. 化学与生物化学方法

（1）有机溶剂处理法　　利用NP-40、Triton X-100和十二烷基硫酸钠（SDS）等表面活性剂或甲苯、氯仿、丙酮等脂溶性溶剂处理细胞，可将细胞膜溶解，从而使细胞破裂。此法也可以与研磨法联合使用。

（2）溶胀法　　细胞膜为天然的半透膜，在低渗和稀盐溶液中，由于渗透压差，溶剂分子大量进入细胞，将细胞膜胀破释放出细胞内含物。该法可用于红细胞的破碎。

（3）酶解法　　于37℃，pH8的缓冲溶液中处理15min，纤维素酶、溶菌酶、脂酶和蜗牛酶等各种水解酶专一性地将细胞壁分解，释放出细胞内含物，此法适用于多种微生物。可以与研磨法联合使用。

3. 机械法

（1）组织捣碎法　　这是一种较剧烈的破碎细胞的方法，通常可先用家用食品加工机将组织打碎，然后再用高速分散器将组织细胞打碎，通常是转10～20s，停10～20s，以免温度过高，可反复多次，样品通常需要预冷。

（2）研磨法　　将剪碎的动物组织置于匀浆器或研钵中，匀浆或加入少量石英砂研磨，即可将动物细胞破碎，这种方法比较温和，适宜实验室使用。工业生产中可用电磨研磨。

（三）蛋白质的提取

"提取"也称为"抽提"，是指利用适当抽提液将经过预处理或破碎的细胞中的蛋白质溶解到溶剂中的过程，使被分离的蛋白质充分地释放到溶剂中，并尽可能保持原来的天然状态和生物活性。抽提往往与细胞破碎过程结合在一起进行。

抽提液包括缓冲液、盐溶液、有机溶剂、稀酸、稀碱等。常见的抽提缓冲液有Tris-HCl缓冲液、磷酸缓冲液等。抽提时所选择的条件应保持其生物活性并有利于目的产物溶解度的增加，一般需要在较低的温度下进行。

1. 有机溶剂提取

一些分子中非极性侧链较多的酶或与脂类结合比较牢固的蛋白质难溶于稀碱、稀盐、稀酸或水中，可用不同比例的有机溶剂提取。常用的有机溶剂包括丙酮、乙醇、正丁醇、异丙醇等，这些溶剂可以与水互溶或部分互溶，同时具有亲脂性和亲水性，如正丁醇在 0℃时在水中的溶解度为 10.5%，40℃时为 6.6%，动物组织中一些线粒体及微粒上的酶常用正丁醇提取。

有些蛋白质和酶既能溶于含有一定比例的有机溶剂的水溶液中，又能溶于稀碱、稀酸中，在这种情况下，采用稀的有机溶液提取常常可以防止水解酶的破坏，并兼有除去杂质提高纯化效果的作用。例如，胰岛素可采用 6.8%乙醇溶液，并用草酸调节溶液的 pH 为 2.5～3.0 进行提取。

2. 水溶液提取　　蛋白质和酶的提取一般以水溶液为主。水溶液的 pH、盐浓度、温度等对蛋白质的提取影响很大。

蛋白质、酶的稳定性及溶解度与溶液 pH 有关。提取液 pH 不能过大或过小，一般控制在 6～8，且应在蛋白质和酶的稳定范围内，通常选择偏离等电点。

缓冲液和稀盐溶液对蛋白质的稳定性有利，蛋白质在其中的溶解度大，是提取蛋白质和酶最常用的溶剂。通常使用 0.09～0.15mol/L NaCl 溶液或 0.02～0.05mol/L 磷酸盐缓冲液提取蛋白质。

为防止目的蛋白的变性和降解，提取时，一般在 0～5℃的低温下，并加入蛋白酶抑制剂。对于少数对温度稳定的蛋白质和酶，也可采取提高温度使大量杂蛋白变性沉淀的方法提取。

（四）蛋白质的分离纯化——精制

1. 沉淀分离　　沉淀是溶液中的溶质由液相变成固相析出的过程。沉淀法操作简便，成本低廉，不仅用于实验室中，也用于某些生产制备过程，是分离纯化生物大分子，特别是制备蛋白质和酶时最常用的方法。通过沉淀，将目的蛋白质转入固相沉淀或留在液相，而与杂质得到初步分离。

2. 利用电离性质不同分离

（1）**制备电泳**　　一般采用制备型等电聚焦电泳装置等专门的电泳装置，利用蛋白质的等电点不同对蛋白质进行分离。但该法处理的样品量少，仅适用于高纯度的微量蛋白制备。

（2）**离子交换层析**　　原理是蛋白质带正电荷或负电荷，能与离子交换剂上的交换基团进行结合。离子交换剂的骨架主要为琼脂糖凝胶或葡聚糖凝胶，连接的交换基团主要包括阴离子交换剂羧甲基和阳离子交换剂二乙基氨基乙基等。离子交换层析是蛋白质纯化中最常用的层析技术之一。

3. 利用分子大小和形状不同分离

（1）**超滤**　　目前一般使用专门的超滤装置，通过增加透析过程的压力，加快蛋白质的分离。超滤现可用于含有各种小分子溶质的蛋白质、酶、核酸等生物大分子的浓缩、分离和纯化。通过选择不同孔径的超滤膜，可截留分子量不同的蛋白质进行粗分离。但专门的超滤设备使用的超滤膜价格较贵。

（2）**密度梯度离心**　　蛋白质在具有密度梯度的介质中进行离心，最终沉降到与其密度相等的密度区域。常见的介质包括多聚蔗糖等。离心技术详细内容请参阅第二章。

（3）**透析**　　是利用蛋白质分子大，不能通过半透膜的特点而设计的膜分离技术，主要用于蛋白质溶液的脱盐。亦可用于除去生物小分子杂质、少量有机溶剂和浓缩样品等。

透析只需要专用的半透膜即可完成。通常是将半透膜制成袋状，将蛋白质溶液置入袋内后密封，将此透析袋浸入缓冲液或水中，样品溶液中的蛋白质被截留在袋内，而小分子物质和盐持续扩散，透析到袋外，直到袋内外两边的浓度达到平衡。通常是在4℃透析，以保持蛋白质生物活性。

透析袋的处理与使用：商品透析袋一般以袋的半径表示其规格。商品透析袋可被核酸酶、蛋白酶及重金属盐污染，为防止污染，经处理的透析袋，只能用清洁镊子或戴上橡皮手套取拿，不能直接用手操作。透析袋一般不建议重复使用。如需再次使用，应彻底水洗并煮沸后，4℃保存备用，或浸泡在含有微量苯甲酸的溶液里。

使用时，一端使用特制的透析袋夹夹紧或用细线绳扎紧，由另一端灌满水，用手指稍加压，确定不漏后，再装入待透析的蛋白质溶液。袋中留1/3～1/2的空间，以防透析的小分子物质含量较大时，袋外的缓冲液和水过量进入袋内将袋涨破。如含盐量很高的蛋白质溶液透析过夜时，体积可增加50%。使用磁力搅拌和多次更换透析液可加快透析速度。透析可以用塑料桶、大烧杯和大量筒等大一些的容器。检查透析效果的方法是：用1%AgNO$_3$检查Cl$^-$和用1%BaCl$_2$检查SO$_4^{2-}$等。

（4）**凝胶层析** 又称凝胶过滤或分子筛层析，根据蛋白质分子大小在凝胶中进行分离，分子大的蛋白质无法进入凝胶的网眼，在洗脱过程中先流出，而盐等小分子后流出。常用的凝胶包括交联琼脂糖（如Sepharose系列的凝胶）、交联葡聚糖（如Sephadex系列的凝胶）等介质。用于缓冲液交换、脱盐、不同大小的蛋白质分离等，在蛋白质纯化中应用最为广泛。详见第二章。

4. 亲和层析 是利用蛋白质与某些物质（称配基）专一性结合的原理分离蛋白质，如酶-抑制剂、抗原-抗体、激素-受体的特异性结合。一般把配基连接在载体（如Sepharose 4B）上。亲和层析纯化效率高，能从复杂的抽提液中一次获得较高纯度的蛋白质，多放在多级纯化的后期。常见的配基包括肝素、蛋白A、凝集素等，用于分离不同的蛋白质。亲和层析是层析技术中特异性和效率最高的，但成本较高。

5. 疏水层析 也是近年来蛋白质纯化中常用的方法，其原理是利用连接在琼脂糖凝胶或葡聚糖凝胶上的正辛烷基、苯基、异丙基等疏水基团，与疏水性不同的蛋白质分子表面的疏水基团相互作用力不同而实现分离的。

与之类似的是反相液相色谱，其也是基于蛋白质、极性的流动相和非极性的固定相表面的疏水作用力建立的层析方法，只是疏水基团（即配基）数量多于疏水层析，而介质表面的疏水性强于疏水层析。

6. 金属螯合层析 在一些介质（如Sepharose 4B）上连接亚氨基二乙酸等具有配位能力的分子，这样的介质能螯合Zn^{2+}、Fe^{2+}、Ni^{2+}等离子，它们的配位键尚未饱和，能与蛋白质等生物分子形成配位键。不同蛋白质与它们形成的配位键的强弱不同，从而进行分离。该方法类似于专一性稍低的亲和层析，如Chelating Sepharose FF可螯合Ni^{2+}，特别适合分离利用基因工程技术生产的一些带有组氨酸标签（His-tag）的融合蛋白质。

7. 吸附层析 利用蛋白质与吸附剂吸附力的不同进行分离，在蛋白质分离中常用的吸附剂包括羟基人造沸石、磷灰石、硅藻土等。

（五）蛋白质纯化方法的选择

各种蛋白质的纯化方法应基于性质，通过实验反复摸索才能建立纯化的技术路线。实际工作中往往需要同时采用上述两种或多种方法才能完成纯化。例如，体积大的样品适合使用离子交换层析进行浓缩和粗纯化，以便尽快缩小体积；高盐浓度洗脱样品可以直接进行疏水层析分离，在高盐浓度下吸附，低盐浓度下洗脱，而洗脱样品则可直接进行离子交换等吸附层析。

1. 蛋白质分离纯化方法的分类

1）以生物学功能专一性为依据的方法：亲和层析等。
2）以电荷差异为依据的方法：等电点沉淀、电泳、离子交换层析和吸附层析等。
3）以溶解度差异为依据的方法：结晶、盐析、分配层析、萃取和选择性沉淀等。
4）以分子形态和大小差异为依据的方法：差速离心、凝胶层析、透析、超滤等。

上述各方法的原理、优缺点及应用范围列于表 3-1。

表 3-1　各种主要分离纯化方法的比较

方法	应用范围	原理	优点	缺点
沉淀法	蛋白质和酶的分级沉淀	蛋白质的沉淀作用	操作简便、成本低、对蛋白质和酶有保护作用，重复性好	分辨力差，纯化倍数低，沉淀中混有大量盐
选择性沉淀	应用范围较窄	等电点、热变性、酸碱变性等	方法简便	分辨力差，纯化倍数低
有机溶剂沉淀	各种生物大分子的分级沉淀	脱水作用和降低介电常数	操作简便，分辨力较强	对蛋白质或酶有变性作用
沉淀结晶法	蛋白质晶体的制备	溶解度达到饱和，溶质形成规则晶体	纯化效果较好，可除去微量杂质，方法简单	样品的纯度、浓度都要很高，时间长
聚焦层析	少数蛋白质的纯化	等电点和离子交换作用	分辨力高	进口试制昂贵
亲和层析	低丰度蛋白的高效纯化	生物大分子与配体之间有特殊亲和力	分辨力很高	一种配体只能用于一种生物大分子，局限性大，价格昂贵
分配层析	少数蛋白的纯化	溶质在固定相和流动相中分配系数的差异	分辨力高，重复性较好，能分离微量物质	影响因子多，上样量太小
吸附层析	各种大分子的分离、脱色	化学、物理吸附	操作简便	易受离子干扰
凝胶过滤层析	各种蛋白质的纯化、脱盐	分子筛排阻效应	分辨力较高，不会引起变性	凝胶介质昂贵，处理量有限制
离子交换层析	各种蛋白质的纯化	离子基团的交换	分辨力高，处理量较大	需酸碱处理，离子交换剂平衡洗脱时间长
等电聚焦电泳	少量高纯度蛋白质的制备	等电点的差异	分辨力很高，可连续制备	仪器、试剂昂贵
制备 HPLC	小规模、高纯度样品制备	凝胶过滤、离子交换、反相色谱等	分辨力很高，直接制备出纯品	制备型色谱柱和仪器昂贵
超滤	浓缩、脱盐	分子量大小的差异	操作方便，可连续生产	分辨力低，仅部分纯化
高速、超速离心	少数蛋白质的纯化	沉降系数或密度的差异	操作方便，容量大	超速离心机价格昂贵

2. 蛋白质在前期和后期分离纯化的策略

（1）前期分离纯化　　蛋白质前期粗提取液中成分十分复杂，并且理化性质相近的物质很多，目的蛋白的浓度很低。该阶段对所选方法的要求：处理容量要大；要快速、粗放；分辨力不必太高；能较大程度地缩小体积。据此，可选用的方法包括沉淀法（有机溶剂沉淀、热变性、盐析等）、离子交换层析、萃取、吸附等。

（2）后期分离纯化　　可选用的方法包括离子交换层析、凝胶层析、疏水层析、亲和层析、制备 HPLC、等电聚焦制备电泳等。

（六）蛋白质的鉴定

目的蛋白质分离纯化过程中和纯化后，都要对每一步的纯化效果和最终的蛋白质产品进行检测，包括定性鉴定和纯度、活性鉴定等内容。

1. 蛋白质的定性鉴定 蛋白质的定性通常作为纯化后的一项重要分析指标。蛋白质定性不能仅仅根据电泳等方法测定的分子量、等电点等信息，最直接和可信的方法是对其 N 端部分氨基酸序列或全部氨基酸序列进行分析，但该法需要蛋白质序列仪等大型分析设备，测定成本高。

目前蛋白质常规的定性方法包括肽图分析法（peptide mapping）、基于抗原-抗体特异性反应的蛋白质印迹法（Western blotting）及利用肽质量指纹图谱鉴定蛋白质等。

2. 蛋白质的纯度鉴定 蛋白质的纯度检测方法很多，主要有电泳和层析等方法。为保证检测结果的可靠性，蛋白质纯度一般至少用两种不同原理的分析方法进行检测确认。纯化蛋白的标准：色谱一个峰，双向电泳一个点，单向电泳一条带。

（1）高效液相层析法 通常称为高效液相色谱法，是一种高度仪器化的分离手段，能在很高的压力条件下通过色谱柱分离蛋白质。分离的原理与色谱柱的填料有关，常用的包括分子筛填料的 HPLC，根据蛋白质分子大小进行分离；反相的分离介质，如 C18、C8 等则根据蛋白质的疏水性不同进行分离。分离后根据色谱峰的多少和峰面积确定蛋白质的纯度。

（2）电泳法 电泳方法简单，不需要大型的仪器设备，因此在实际中应用最广泛。等电聚焦电泳、非变性的聚丙烯酰胺凝胶电泳、SDS-聚丙烯酰胺凝胶电泳等各种电泳方法均可用于蛋白质纯度的分析。电泳后的凝胶经考马斯亮蓝（CBB）染色或银染后，如有多条区带，可用扫描仪、数码相机等获取图片，并进一步用软件分析各蛋白质区带的相对含量，确定目的蛋白的纯度；如果呈一条蛋白质区带，则达到电泳纯。

近年来，一些新的电泳技术也可用于蛋白质的纯度鉴定，如毛细管电泳技术，这是一种微量电泳技术，样品用量少至纳升级，分析速度快，分辨率高，目前应用越来越广泛。毛细管电泳有多种类型，其分离机制不同，分离后的蛋白质以类似色谱图的形式被记录下来，根据色谱峰的多少和峰面积确定蛋白质的纯度，但毛细管电泳仪为大型分析设备，价格昂贵；双向电泳（2D-PAGE）技术的分辨率非常高，纯化的蛋白质染色后显示一个斑点。但该方法操作复杂，仪器和试剂昂贵，通常很少用于蛋白质纯度分析。

3. 蛋白质的活性鉴定 所有的蛋白质在一条件下都具有生物学活性，这是蛋白质最大的特点。蛋白质分离纯化的程度再高，如果没有活性，产品也将毫无意义。因此，鉴定蛋白质纯品是否具有生物活性是必需的。

生物活性测定的内容因蛋白质不同而不同。如果样品是抗体则要观察与抗原的免疫反应；如果样品是细胞色素 c，则需要放入人工呼吸链中观察是否具有传递电子的作用；如果样品是酶，则主要是测定酶的活性；如果样品是激素，如猪的生长激素则观察给大白鼠注射样品后，大白鼠体重是否增长。因为利用实验动物、细胞等检测蛋白质生物活性时，会受实验动物的生理条件等因素的影响，所以蛋白质的生物活性分析可能比较费时费力，且不一定很精确。

在一些样品中，不仅是最终产品需要检测生物活性，而且要贯穿在整个分离纯化的过程中，如制备酶时，需要测定分离纯化中每一步的活性及其比活性。比活性是观察酶制备过程中，随着杂蛋白的减少，酶活力的变化。通过比活性可以及时了解到分离制备各阶段酶活性的情况。

（七）纯化蛋白质的保存

蛋白质分离纯化后，往往需要进行大量的后续研究，如结构、组成、性质和功能分析等。因此，需要有可靠的保存方法。常采用冷冻干燥（freeze drying）技术将蛋白质干燥，便于长期保存。另外，蛋白质溶液长时间保存需要-80℃或更低的温度条件。通常保存蛋白质浓度较高的溶液，需要进行分装，以减少后续分析时反复冻融处理对蛋白质的影响。但随着保存条件、时间等因素的变化，蛋白质的生物活性会受到不同程度的影响。

【思考题】

1. 用水溶液提取蛋白质和酶时，为了加快蛋白质的溶解，常采用不断温和搅拌的方法。为什么应温和搅拌？
2. 巯基常常是蛋白质活性部位的必需基团，若提取液中有氧化剂或与空气中的氧气接触过多，都会使巯基氧化为二硫键，导致其活性的丧失。应如何应对？
3. 为了防止被透析的蛋白质失活，商品透析袋使用前应如何处理？
4. 蛋白质分离纯化需要注意的细节有哪些？

第2节 蛋白质定量测定

蛋白质定量测定一般都是依据蛋白质的生物学、物理或化学特性建立的。目前，常用的方法有双缩脲法、考马斯亮蓝法、Folin-酚法、紫外吸收法和定氮法。其中Folin-酚法和考马斯亮蓝法灵敏度最高，比紫外吸收法灵敏10～20倍，比双缩脲法灵敏100倍以上。定氮法虽然比较复杂，但较准确，往往以定氮法测定的蛋白质作为其他方法的标准蛋白质。

一、实验目的

掌握考马斯亮蓝法测定蛋白质浓度的基本原理、操作方法和注意事项；掌握Folin-酚法测定蛋白质含量的原理和方法；掌握微量凯氏定氮法的原理及操作技术。

二、实验原理

考马斯亮蓝G-250染料，在酸性溶液中与蛋白质通过范德瓦耳斯力结合，使染料的最大吸收峰的位置（λ_{max}）由455nm变为595nm，溶液的颜色也由棕黑色变为蓝色。在一定蛋白质浓度范围内，蛋白质的颜色符合比尔定律，2～5min内即呈现最大吸收，与蛋白质浓度成正比。干扰此法测定的主要物质有：0.1mol/L的NaOH溶液、SDS、Triton X-100和去污剂。

Folin-酚法所用的试剂由两部分组成。试剂甲相当于双缩脲试剂，在碱性条件下，可与蛋白质中的肽键起显色反应，并使肽键展开，使其中的色氨酸和酪氨酸等残基充分暴露出来。试剂乙（磷钼钨酸）在碱性条件下极不稳定，其中磷钼酸盐-磷钨酸盐易被蛋白质中的色氨酸和酪氨酸残基及酚类化合物还原，生成钼蓝和钨蓝的混合物而显深蓝色。在一定条件下，蓝色的深浅与蛋白质的含量成正比。

微量凯氏定氮法所用样品与浓硫酸共热，含氮有机物即分解产生氨；氨与硫酸作用，变成硫酸铵；经强碱碱化又分解释放出氨，借蒸汽将氨蒸至酸液中，根据此酸液被中和的程度可计算所得样品的氮含量。若以甘氨酸为例，其反应式如下：

$$H_2NCH_2COOH+3H_2SO_4 \longrightarrow 2CO_2+3SO_2+4H_2O+NH_3 \qquad (1)$$

$$2NH_3+H_2SO_4 \longrightarrow (NH_4)_2SO_4 \qquad (2)$$

$$(NH_4)_2SO_4+2NaOH \longrightarrow 2H_2O+Na_2SO_4+2NH_3 \qquad (3)$$

反应（1）、（2）在凯氏瓶内完成，反应（3）在凯氏蒸馏装置中进行。

计算所得结果为样品总氮量，如欲求得样品中蛋白氮含量，应将总氮量减去非蛋白氮量即得。如欲进一步求得样品中蛋白质的含量，用样品中蛋白氮含量乘以 6.25 即得。

本法定氮分为三步：消化、蒸馏及滴定。

1. 消化 含氮有机物与浓硫酸共热被氧化分解，其中的碳与氢被氧化成 CO_2 和 H_2O，氮则与硫酸作用生成硫酸铵留在溶液中。反应式如下：

$$含氮有机物+浓 H_2SO_4 \longrightarrow (NH_4)_2SO_4+CO_2+SO_2+SO_3+H_2O$$

2. 蒸馏 消化液中的硫酸铵与浓氢氧化钠作用生成氢氧化铵，加热后得到氨，经蒸馏后氨可收集在过量硼酸中。

$$(NH_4)_2SO_4+2NaOH \longrightarrow 2NH_4OH+Na_2SO_4$$

$$NH_4OH \longrightarrow NH_3+H_2O$$

$$3NH_3+H_3BO_3 \longrightarrow (NH_4)_3BO_3$$

3. 滴定 以标准酸中和固定于硼酸溶液中的氨，从而计算出样品中的含氮量。

$$(NH_4)BO_3+3HCl \longrightarrow 3NH_4Cl+H_3BO_3$$

滴定用溴甲酚绿和甲基红混合指示剂，其指示范围为 pH4.2～5.4。2%硼酸的 pH 为 4.8，加入混合指示剂后为蓝紫色。吸收氨后，$(NH_4)_3BO_3$ 溶液为蓝绿色。

三、材料、试剂与器材

（一）材料与试剂准备

1. 考马斯亮蓝法 考马斯亮蓝 G-250、乙醇、85%磷酸等均为国产分析纯。

2. Folin-酚法 碳酸钠、钨酸钠、钼酸钠、双蒸水（ddH_2O）、85%磷酸、浓盐酸、硫酸锂、溴等均为国产分析纯；稀释血清、酪蛋白、卵蛋白等含量在 20～25μg/ml 范围内。

3. 微量凯氏定氮法 浓硫酸、NaOH、$CuSO_4$、K_2SO_4、三氯乙酸、硼酸等均为国产分析纯，稀释血清（1∶10）等。

（二）试剂配制

1. 考马斯亮蓝法试剂

（1）标准蛋白质溶液　γ-球蛋白配制成 1.0μg/ml 标准蛋白质溶液。

（2）考马斯亮蓝 G-250 染料试剂　100mg 考马斯亮蓝 G-250 溶于 50ml 95%的乙醇后，再加入 100ml 85%的磷酸，将溶液用水稀释至 1000ml。

2. Folin-酚法试剂

（1）标准蛋白质溶液（250μg/ml）　γ-球蛋白或牛血清白蛋白溶于蒸馏水，配制浓度为 250μg/ml 左右。牛血清白蛋白溶于蒸馏水后若浑浊，可改用 0.9%NaCl 溶液。或用酪蛋白，以 0.1mol/L NaOH 溶液溶解，加蒸馏水，配制成 250μg/ml 的溶液。

（2）Folin-酚试剂

试剂甲（0.55mol/L Na_2CO_3）：取 58.3g 碳酸钠溶于蒸馏水并定容到 1000ml。

试剂乙：100g 钨酸钠（$Na_2WO_4·2H_2O$），25.0g 钼酸钠（$Na_2MoO_4·2H_2O$），700ml ddH_2O，50ml 85%磷酸，100ml 浓盐酸加入 1.5L 容积的磨口回流瓶中，充分混合后回流 10h。回流完毕，加入 150.0g 硫酸锂、50ml ddH_2O 及数滴溴，开口继续煮沸 15min 以去除过量的溴。冷却并稀释到 1000ml，过滤（滤液呈绿色），置棕色瓶保存。

使用时以酚酞为指示剂，用标准 NaOH 溶液滴定，稀释使最终酸浓度为 1.0mol/L。

3. 微量凯氏定氮法试剂

（1）50%NaOH 溶液　　50g NaOH 溶于蒸馏水并定容到 100ml。

（2）10%$CuSO_4$ 溶液　　10g $CuSO_4$ 溶于蒸馏水并定容到 100ml。

（3）5%三氯乙酸溶液　　5g 三氯乙酸溶于蒸馏水并定容到 100ml。

（4）2%硼酸溶液　　2g 硼酸溶于蒸馏水并定容到 100ml。

（5）0.010mol/L HCl　　0.9ml 浓盐酸，缓慢注入 1000ml 蒸馏水，应用基准 $NaHCO_3$ 进行标定。

（6）混合指示剂　　0.1%溴甲酚绿乙醇溶液 10ml 与 0.1%甲基红乙醇溶液 4ml 混合。

（三）器材

1. **考马斯亮蓝法器材**　　可调移液器、可见光分光光度计、试管、旋涡混合器等。
2. **Folin-酚法器材**　　旋涡混合器、可见光分光光度计、秒表、移液器、试管等。
3. **微量凯氏定氮法器材**　　微量凯氏定氮蒸馏装置、凯氏烧瓶、酸式滴定管、锥形烧瓶、漏斗等。

四、实验步骤

（一）考马斯亮蓝法实验步骤

1. **蛋白质标准曲线的制作**　　按表 3-2 加入各种试剂。

表 3-2　考马斯亮蓝法蛋白质标准曲线的测定步骤

管号	空白	1	2	3	4	5	6	7	8	9	10
标准蛋白质溶液（μl）	0	10	20	30	40	50	60	70	80	90	100
ddH_2O（μl）	100	90	80	70	60	50	40	30	20	10	0
蛋白显色剂（ml）	5	5	5	5	5	5	5	5	5	5	5
混匀，2min 后测定											
吸光度值（A_{595nm}）											

用不同浓度的蛋白质溶液作标准曲线，分别以 A_{595nm} 为纵坐标，标准蛋白质溶液浓度为横坐标制作标准曲线。

2. **未知样品的测定**　　取 10 倍稀释血清适当量，按上法测 A_{595nm} 值，对照蛋白质标准曲线，即可查出未知样品的蛋白质含量或通过回归方程求得血清蛋白质浓度。

（二）Folin-酚法实验步骤

1. 蛋白质标准曲线的测定　　按表 3-3 加入各种试剂。

表 3-3　Folin-酚法蛋白质标准曲线的测定步骤

管号	1	2	3	4	5	6	7	8	9	10
标准蛋白质溶液（ml）	0	0.1	0.2	0.4	0.6	0.8	1.0			
样品溶液（ml）								0.2	0.4	0.6
ddH$_2$O（ml）	1.0	0.9	0.8	0.6	0.4	0.2	0	0.8	0.6	0.4
试剂甲（ml）	5.0	5.0	5.0	5.0	5.0	5.0	5.0	5.0	5.0	5.0
旋涡混合器上迅速混合，室温（20～25℃）放置 10min									
试剂乙（ml）	0.5	0.5	0.5	0.5	0.5	0.5	0.5	0.5	0.5	0.5
立即混匀，室温下放置 30min									
吸光度值（A_{700nm}）										

以未加标准蛋白质溶液的 1 号试管作为空白对照，于 700nm 波长处测定各管中溶液的吸光度值。以已知标准蛋白质溶液的含量为横坐标，所对应吸光度值为纵坐标，绘制出标准曲线。

2. 样品溶液的测定　　取 1ml 样品溶液（其中含蛋白质 20～250μg），按上述方法进行操作，取 1ml ddH$_2$O 代替样品作为空白对照。通常，样品的测定也可与标准曲线的测定同时进行。即在标准曲线测定的各试管之后，再增加 3 个试管。如表 3-3 中的 8、9、10 号试管。

根据所测样品的吸光度值，在标准曲线上查出相应的蛋白质含量，从而计算出样品溶液的蛋白质浓度。

（三）微量凯氏定氮法实验步骤

1. 无蛋白血滤液的制备　　取血清 0.4ml 于试管中，加 5%三氯乙酸溶液 9.6ml，充分摇匀，静置约 5min，2500r/min 离心 10min。取上清液备用。

2. 消化　　取凯氏烧瓶 3 个，分别标为空白瓶、总氮瓶、NPN 瓶，按表 3-4 所示加入试剂。

表 3-4　微量凯氏定氮法的操作步骤　　　　　　　　　　　单位：ml

试剂	空白瓶	总氮瓶	NPN 瓶
稀释血清	—	1.0	—
无蛋白血滤液	—	—	5.0
5%三氯乙酸溶液	—	4.0	—
10%硫酸铜溶液	0.5	0.5	0.5
硫酸钾（mg）	0.2	0.2	0.2
浓硫酸	0.1	0.1	0.1
去离子水	5.0	—	—

上述各管各加 3～4 粒玻璃珠，在通风橱中置于电炉上加热。几分钟后溶液呈黑色，且白烟甚多。此时在凯氏烧瓶上加一漏斗，其内放几粒玻璃珠，继续加热至溶液变澄清蓝绿色时，继续消化 10min 即可。断电冷却至室温后，小心沿瓶内壁加入蒸馏水约 2.0ml，以稀释消化液，避免冷却冻结。

3. 蒸馏

（1）蒸馏器的准备　　清洗蒸馏器，一般情况下要重复洗涤两次。若蒸馏器内有氨存在，应在加入蒸馏水后，不加样品，先行蒸馏一次后方可使用。

（2）氨的蒸馏　　在125ml锥形烧瓶中，加入2%硼酸10ml和5滴混合指示剂（呈蓝紫色），然后将烧瓶管口浸于硼酸溶液中。

4. 滴定

用0.010mol/L HCl滴定锥形瓶中的溶液，至溶液的颜色由蓝色变为淡蓝紫色为滴定终点，记录HCl的用量。

5. 计算

$$1\text{ml }0.010\text{mol/L HCl} \approx 0.14\text{mg 氮} \tag{3-1}$$

$$总氮量（mg/ml）=(A-B)\times 0.14/血清用量（ml） \tag{3-2}$$

$$NPN（mg/ml）=(C-B)\times 0.14/血清用量（ml） \tag{3-3}$$

$$蛋白质含氮量（mg/ml）=总氮量-NPN \tag{3-4}$$

$$蛋白质含量（mg/ml）=蛋白质含氮量\times 6.25 \tag{3-5}$$

式中，A是滴定总氮管所用0.010mol/L HCl毫升数；B是滴定空白管所用0.010mol/L HCl毫升数；C是滴定NPN管所用0.010mol/L HCl毫升数。

五、注意事项

（一）考马斯亮蓝法注意事项

1）考马斯亮蓝法是根据蛋白质与染料相结合的原理设计的，是目前灵敏度最高的蛋白质测定法之一。另外除组氨酸外，本方法受蛋白质影响的特异性较小，不同种类的蛋白质的染色强度差别不大。

2）考马斯亮蓝法所用样品不能回收，不适合需回收样品蛋白质的浓度测定。但此法所用样品量较少，因此在生产和科研中仍然较多使用。

3）由于各种蛋白质中的芳香族氨基酸和精氨酸的含量不同，因此考马斯亮蓝法用于不同蛋白质测定时有较大的偏差，在制作标准曲线时通常选用γ-球蛋白为标准蛋白质，以减少这方面的偏差。

（二）Folin-酚法注意事项

1）Folin-酚法是在双缩脲反应的基础上发展起来的最灵敏的测定蛋白质含量的方法之一，其灵敏度比双缩脲法高100倍。其显色原理与双缩脲方法相同，只是加入了第二种试剂，即Folin-酚试剂，以增加显色量，从而提高了检测蛋白质的灵敏度。

2）本法的缺点是不同蛋白质中色氨酸、酪氨酸含量不同，生色强度也不同，因此需使用同种蛋白质作为标准，并且干扰双缩脲反应的离子同样会干扰此反应。酚类、巯基类化合物对此法也有干扰。

3）Folin-酚试剂仅在酸性条件下稳定，但上述还原反应是在pH=10的条件下发生，故当Folin-酚试剂加到碱性的铜-蛋白质溶液中时，必须立即混匀，以便在磷钼酸-磷钨酸试剂被破坏之前即发生还原反应。

（三）微量凯氏定氮法注意事项

1）蛋白质的氮含量平均为 16%，即 1g 氮相当于 6.25g 蛋白质。生物样品中非蛋白含氮化合物的量通常较少，因此从生物样品中测定出总含氮量减去非蛋白含氮量后，可推算出样品中蛋白质含量。定氮法比较复杂，但较准确，以定氮法测定的蛋白质通常作为其他方法的标准蛋白质。

2）普通实验室中的空气，常含有少量氨，可能影响实验结果，因此操作时应在单独的洁净室中进行。

3）2%硼酸溶液 pH 为 4.8，故加混合指示剂后溶液应为蓝紫色。如呈红色，说明硼酸酸性过强，应用 0.1mol/L NaOH 溶液调到溶液呈蓝紫色。

【思考题】

1. 考马斯亮蓝法为什么不可使用石英比色皿，可用玻璃或塑料比色皿？比色皿使用后应怎么处理？
2. Folin-酚法反应的显色随时间不断加深，各项操作应怎样精确控制时间？
3. 使用微量凯氏定氮法时，为什么加入少量的硫酸铜与硫酸钾可加速反应进行？可用什么试剂代替硫酸铜与硫酸钾？

第 3 节　猪心细胞色素 c 的制备及含量测定

细胞色素 c 是线粒体内呼吸链的成分之一，是一种稳定的可溶性蛋白。它是唯一一种易从线粒体中分离出来的细胞色素成分。动物组织，如猪心脏经破碎后，用酸性溶液或水即可从细胞中将其浸提出来。本实验采用吸附分离方法进行粗提，再用离子交换层析技术进行精制，获得纯度较高的纯品。最后根据其氧化还原性质，测定所获得的细胞色素 c 含量。

一、实验目的

掌握蛋白质的粗分离、纯化及含量测定原理，以及吸附法粗分离蛋白质和离子交换层析纯化蛋白质的原理。

二、实验原理

（一）吸附法的原理

此法利用某些无机硅铝复盐大分子具有选择性吸附某些蛋白质分子的特点，达到从蛋白质混合物中分离某些蛋白质的目的。目前应用最广的吸附剂是羟基磷灰石 [$Ca_{10}(PO_4)_6(OH)_2$]、固体人造沸石（$Na_2O \cdot Al_2O_3 \cdot xSiO_2 \cdot yH_2O$）、无机凝胶如磷酸钙、氢氧化铝等。

使用吸附剂粗分离蛋白质，可视条件而定。在蛋白质难以吸附时，可选择条件吸附杂质的方法使之与蛋白质分离；在蛋白质较易吸附时，可选择适当条件吸附蛋白质而分离杂质。

有时两种方法可以交替使用,从而达到较高程度纯化的目的。

吸附剂通常在低盐或微酸性(pH5~6)溶液中吸附蛋白质。吸附于吸附剂上的蛋白质在较高盐浓度或微碱性条件下可洗脱下来。

本实验用人造沸石从浸提液中吸附细胞色素c,除去杂蛋白,再以高盐溶液从人造沸石上将细胞色素c洗脱下来。

(二)透析原理

这样制得的粗制细胞色素c再经透析除去盐分子。透析原理见第三章第1节。

(三)离子交换层析原理

最后用离子交换层析纯化,获得较纯的细胞色素c。其原理详见第二章第4节。细胞色素c分子量较小,可选用树脂离子交换剂如Amberlite IRC-50(H)进行纯化。这种离子交换剂是以树脂为母体,引入羧基形成的弱酸型阳离子交换剂。引入的羧基主要分散于树脂的表面,离子交换反应仅发生在交换剂的表面,所以这类树脂交换剂的颗粒比一般树脂交换剂大,具有一定的表面积以利于蛋白质交换。

本实验中使用的Amberlite IRC-50(H)经转型为Amberlite IRC-50(NH_4^+)与粗提物中细胞色素c交换吸附,洗去不交换吸附的杂蛋白,然后增加洗脱液的离子强度,使细胞色素c再解吸洗脱下来,获得纯化产品。

(四)细胞色素c含量测定

细胞色素c分为氧化型和还原型,其还原型最稳定。还原型的水溶液呈桃红色,最大吸收峰为415nm、520nm和550nm,550nm波长处的ε为2.77×10^4 L/(mol·cm);在水溶液中,氧化型呈深红色,最大吸收峰为408nm、530nm和550nm。550nm波长处的ε为0.9×10^4 L/(mol·cm)。实验中所获得的细胞色素c产品是氧化型和还原型的混合物。经氧化剂或还原剂处理,可变为单一种型。测定其中一种类型的光吸收,根据摩尔消光系数,即可计算出细胞色素c的含量。

三、材料、试剂与器材

(一)材料与试剂准备

37%浓盐酸,28%浓氨水,人造沸石、氢氧化铵、三氯乙酸、$(NH_4)_2SO_4$、Na_2HPO_4、NaCl、$AgNO_3$、铁氰化钾、连二亚硫酸钠(固体)等均为国产分析纯,新鲜猪心脏。

(二)试剂配制

1. 人造沸石($Na_2O\cdot Al_2O_3\cdot xSiO_2\cdot yH_2O$) 选用60~80目的颗粒,以水浸泡0.5h,除去15S不沉淀的细小颗粒,抽干备用。

2. 0.06mol/L Na_2HPO_4-0.4mol/L NaCl溶液 取23.4g NaCl和21.5g $Na_2HPO_4\cdot 12H_2O$溶于蒸馏水并定容至1000ml。

3. 0.145mol/L 三氯乙酸溶液 取三氯乙酸23.6g溶于蒸馏水并稀释至1000ml。

4. 0.2%NaCl溶液 取0.2g NaCl溶于蒸馏水并定容至100ml。

5. **1mol/L 氨水**　　取市售 28%浓氨水 125ml，用蒸馏水稀释至 1000ml。
6. **40%三氯乙酸溶液**　　取三氯乙酸 40g 溶于蒸馏水并定容至 100ml。
7. **2mol/L HCl 溶液**　　取 37%浓盐酸 83.3ml 溶于蒸馏水并定容至 500ml。
8. **2mol/L 氨水**　　取市售 28%浓氨水 250ml，用蒸馏水稀释至 1000ml。
9. **0.1mol/L $AgNO_3$ 溶液**　　取 8.5g $AgNO_3$ 溶于不含 Cl^- 的蒸馏水中，并定容至 500ml，储存于带玻璃瓶塞的棕色试剂瓶，置暗处。

（三）器材

绞肉机、层析柱（1cm×20cm）、透析袋、离心机等。

四、实验步骤

（一）细胞色素 c 的制备

1. 浸提　　除去新鲜猪心脏的结缔组织和脂肪组织。用蒸馏水洗净，切成小块，用绞肉机绞 1～2 次。

绞碎的约 200g 心脏肌肉糜放入大烧杯中，加 250ml 0.145mol/L 三氯乙酸溶液，室温下放置，用玻璃棒不时搅匀，浸提约 1.5h。然后，用 4 层纱布压滤，收集滤液，用 1mol/L 氨水调节滤液的 pH 至 6（用 pH 试纸检查，pH 过高或过低将影响以后的过滤速度），再用滤纸过滤一次，收集滤液，此滤液应清亮。

2. 吸附粗分离　　将上述所得的清亮滤液，用 1mol/L 氨水调至 pH7.2（用酸度计检测）。最后量取滤液体积，按 3g/100ml 滤液计算，称取沸石，在不断搅拌下加于滤液中，并持续搅拌 1h 左右，使之充分吸附。在此过程中可见沸石由白色逐渐变为粉红色。

吸附完毕，倾去上层液体。余下的沸石先用约 100ml 蒸馏水洗涤 3～4 次，再用 100ml 0.2%NaCl 溶液分三次洗涤，最后用蒸馏水洗涤至上清液澄清为止，倾去上清液。

3. 洗脱　　吸附在沸石上的细胞色素 c，可用 25%的$(NH_4)_2SO_4$溶液洗脱下来。洗脱时每次加 10ml 25%$(NH_4)_2SO_4$溶液于沸石中反复搅拌，倒出洗脱液，再换新的 25%$(NH_4)_2SO_4$溶液，直到沸石变成白色为止。合并洗脱液，体积大约为 100ml。$(NH_4)_2SO_4$溶液洗脱后的沸石经再生后回收备用。

4. 盐析及浓缩　　按每 100ml 洗脱液加 25g 固体$(NH_4)_2SO_4$计算，称取固体$(NH_4)_2SO_4$，逐渐加于不断搅拌的洗脱液中，静置 30～45min。以 3000r/min 离心 10min，收集上清液并量取体积，转入另一离心管中。沉淀弃去。

在上清液中缓慢加入 40%三氯乙酸溶液，边加边搅拌至产生褐色絮状沉淀为止。以 3000r/min 离心 10min，弃上清液，将离心管倒置在滤纸上尽量吸去上清液，即得细胞色素 c 粗提物。

（二）透析脱盐

所得的细胞色素 c 粗提物中含有大量盐类，在进一步纯化之前应进行脱盐。本实验中用透析法脱盐。为此，向获得的粗提物中加入 2ml 蒸馏水，使之溶解。取一段处理好的、大小合适的透析袋，用夹子或线将一端封紧，并用水检查是否漏水。若不漏水，倒出水后将溶解了的细胞色素 c 加入透析袋。加入的溶液体积一般为袋容积的 2/3 左右，装好后应挤压赶出透析袋中的空气，然后用夹子或线将袋口封紧，检查封口是否漏液，在确定透析袋两端不漏液后，即将透析袋放入装有蒸馏水的大烧杯中，在电磁搅拌器搅拌下透析。透析是一个物理平衡过程，通常要5～6h才能达到平衡。而且只用蒸馏水透析一次是不能完成透析的，因此要更换几次蒸馏水，每次用奈氏试剂检查透析袋外的液体，直至无氨离子为止。由于透析时间较长，为防止蛋白质变性，透析应在低温（4℃）条件下进行。透析的产品为粗制细胞色素c。继续用DEAE-纤维素离子交换层析进行纯化。

（三）离子交换层析纯化细胞色素c

1）Amberlite IRC-50（H）树脂处理：根据柱体积，取一定量的Amberlite IRC-50（H），用蒸馏水浸泡过夜，倾倒去水，加入2倍体积的2mol/L HCl溶液，60℃恒温条件下搅拌约1h，倾倒去HCl溶液，用无离子水洗涤至中性；加入2倍体积的2mol/L氨水，60℃恒定条件下搅拌1h，倾倒去氨溶液，再用无离子水洗至中性。新树脂需要如上法重复处理两次，若颗粒过大，最后一次在2mol/L氨水存在下，用研钵轻轻研磨，倾倒去不沉淀的颗粒，最终颗粒在100～150目为宜，不能过细，最后用无离子水洗涤至中性备用。

2）将处理好的Amberlite IRC-50（NH_4^+）装入1cm×20cm的层析柱中，使柱高至18cm左右。洗脱瓶中装无离子水，冲洗装好的层析柱床，至流出的溶液pH达7～8。

3）关闭层析柱下口，吸去柱床表面上的水，将透析后的细胞色素c粗品加于柱床表面，打开层析柱下口，控制流速，使样品慢慢进入离子交换柱床，让样品尽可能吸附于柱床上部，越集中越好，洗脱时样品易于集中，减少洗脱体积。

4）样品加完后，柱床表面加一层水，用无离子水继续冲洗5～6min，流速为1ml/min，除去不吸附的杂质。

5）洗脱瓶中改为0.06mol/L Na_2HPO_4-0.4mol/L NaCl溶液，用此溶液流过层析柱，洗脱细胞色素c，控制流速为1ml/min。用试管收集洗脱液，每管10滴，直至洗脱液无色为止。观察各管颜色深浅程度，合并各管洗脱液，量取总体积，此即为较纯的细胞色素c。

6）所得溶液可进一步在4℃条件下，用无离子水透析除盐，用0.1 mol/L $AgNO_3$溶液检查透析袋外溶液，直至无氯离子为止。透析后若发生沉淀则离心除去。上清液即为纯化的细胞色素c，可置冰箱保存，或在低温下干燥成固体。

7）树脂再生：用过的Amberlite IRC-50（H）先用无离子水洗，再改用2mol/L氨水洗涤，倾倒氨水，用无离子水洗至中性。加2mol/L HCl溶液在60℃条件下搅拌20min，倾倒去酸溶液，用无离子水洗至中性。再用2mol/L氨水浸泡，然后用无离子水洗至中性即可使用。若长期不用，可用布氏漏斗抽干备用。

（四）细胞色素c的鉴定及含量测定

1. 分子质量测定　　详见本章第9节SDS-聚丙烯酰胺凝胶电泳法测定蛋白质的分子量。

2. 含量测定　　制得的细胞色素c样品是氧化型分子与还原型分子的混合物。测定其含量时或用还原剂（连二亚硫酸钠）将其全部转变为还原型；或用氧化剂（铁氰化钾）将其全部转变为氧化型。然后在550nm波长处测得吸光度值（A），根据已知氧化型和还原型细胞色素c的ε，即可计算出样品中细胞色素c的含量。按以下操作选择一种（氧化或还原）方法测定样品含量。

（1）氧化型细胞色素c含量测定　　用两支洁净的小试管按表3-5操作。

表 3-5 氧化型细胞色素 c 含量测定的操作步骤　　　　　　　　单位：ml

试剂	样品管	空白管
0.06mol/L Na$_2$HPO$_4$-0.4mol/L NaCl 溶液	1.4	2.9
适当稀释的细胞色素 c 溶液	1.5	0
0.01mol/L 铁氰化钾溶液	0.1	0.1

混匀，以空白管调零，在 550nm 波长测定吸光度（A），按式（3-6）计算含量。

$$Y(\text{mg/ml}) = \frac{A}{\varepsilon} \times M_{wt} \times \frac{3}{1.5} \times V(\text{ml}) \times \text{稀释倍数} \quad (3\text{-}6)$$

式中，M_{wt} 是细胞色素 c 分子量（12 400）；3 是比色时溶液的体积；1.5 是细胞色素 c 溶液的体积；ε 是细胞色素 c 氧化型或还原型的摩尔消光系数；V 是制备所得细胞色素 c 溶液体积。

（2）还原型细胞色素 c 含量测定　　用两支洁净的小试管按表 3-6 操作。

表 3-6 还原型细胞色素 c 含量测定的操作步骤　　　　　　　　单位：ml

试剂	样品管	空白管
0.06mol/L Na$_2$HPO$_4$-0.4mol/L NaCl 溶液	1.4	2.9
适当稀释的细胞色素 c 溶液	1.5	0
连二亚硫酸钠（固体）	几粒（溶液变桃红色为止）	几粒

混匀，以空白管调零，在 550nm 波长处测定吸光度（A），按式（3-6）计算其含量。如果产品较纯，氧化型和还原型细胞色素 c 的含量应该相近。

五、注意事项

1）酵母和动物心肌中细胞色素 c 含量丰富，常作为实验材料。

2）纱布压滤，收集滤液，调节滤液的 pH 至 6，pH 过高或过低均会影响以后的过滤速度。滤纸过滤后，滤液必须清亮透明。

3）用透析法脱盐。加入透析袋的细胞色素 c 粗提物不可过满，以免透析时涨破透析袋。

4）细胞色素 c 含量测定，加入的还原剂（连二亚硫酸钠）和氧化剂（铁氰化钾）一定要够量，使氧化还原反应完全，否则，会影响测定结果。

【思考题】

1. 本实验所用的沸石怎样再生？
2. 本实验加固体硫酸铵时为什么要控制速度？怎样控制？

第 4 节　羊血浆 IgG 的分离纯化

免疫球蛋白的主要成分之一免疫球蛋白 G（immunoglobulin G, IgG）是血清（浆）球蛋白的一种。IgG 作为被动免疫制剂，在兽医临床上具有广泛的应用价值。IgG 的分子量为 15

万~16万，沉降系数约为7S。要从血清（浆）中分离出IgG，首先要尽可能除去血清（浆）中的其他蛋白质成分，提高IgG在样品中的比例，即进行粗分离，然后再精制纯化而获得IgG。

一、实验目的

掌握硫酸铵盐析、葡聚糖凝胶过滤、DEAE-纤维素离子交换层析等技术的原理与方法。

二、实验原理

（一）用盐析法制备血浆IgG粗制品的原理

用20%饱和度的硫酸铵盐析沉淀血浆中的纤维蛋白原，离心所得上清液中主要含有清蛋白和球蛋白；接着把上清液中的硫酸铵饱和度调高到50%，盐析上清液中的球蛋白，离心弃去上清液，留下沉淀部分；将所得沉淀溶解，再把硫酸铵饱和度调低到35%，IgG被盐析沉淀出来，上清液中为α与β球蛋白，离心后，弃去上清液，收集沉淀，即获得IgG的粗制品。

此盐析法所获得的IgG粗制品不仅仍然含有一些杂蛋白，而且含有大量的硫酸铵，需要进一步纯化与脱盐。

（二）IgG粗制品凝胶过滤法脱盐的原理

盐析所获得的IgG粗制品中的硫酸铵将影响后续的纯化，所以应先将其除去，此过程称为"脱盐"（desalting）。脱盐常用的方法有凝胶过滤法和透析法。前者能将盐除尽，所需时间也短，但凝胶过滤后样品终体积较大；后者所需时间较长，且盐不易除尽，但透析后样品的终体积较小，要根据具体情况选择使用。

交联度高的小号葡聚糖凝胶Sephadex G-25（或50）适用于脱盐。本实验中由于样品体积较小，凝胶过滤后样品体积也不会增加太多，所以选用Sephadex G-25（或50）凝胶过滤法脱盐。

（三）DEAE-纤维素离子交换层析纯化IgG的原理

纤维素离子交换剂对交换的离子吸附力较弱，用比较温和的条件即可洗脱下来，不影响蛋白质（酶）等生物大分子物质的活性。更有甚者，纤维素作为不溶于水的惰性高分子聚合物具有易溶胀、亲水性强、溶胀后具有舒展的长链且表面积大等特点，从而使蛋白质分子容易接触并被容纳。所以，以纤维素作为不溶性母体而形成的离子交换剂对蛋白质（酶）等大分子物质的交换容量大，分辨力强，可以获得较好的分离效果及较高的回收率。纤维素的这些特点使纤维素离子交换剂在蛋白质（酶）生物大分子的分离和纯化中得到广泛的使用。

本实验采用DEAE-纤维素离子交换层析纯化IgG。DEAE-纤维素是在纤维素上引入二乙基氨基乙基，它是弱碱型阴离子交换剂。吸附蛋白质的最适pH范围为7~9，pH超过9.5，DEAE基团则不解离。每克DEAE-纤维素含0.96~1.24mmol/L可解离基团，与蛋白质的交换容量可达0.75~1.22mg/mg DEAE。首先将IgG粗品溶于pH为6.7的缓冲液中，此时IgG不发生解离、不带电荷，而其他杂质蛋白均带有不同数量的负电荷。因此，当IgG粗品溶液流经 DEAE-纤维素柱时，其他杂质蛋白因带有不同数量的负电荷，故与 DEAE-纤维素上的阴离子发生交换而吸附于柱上；而 IgG 不与 DEAE-纤维素发生交换吸附可直接流出。根据这一原理，将 IgG 粗品溶于 pH 为 6.7 的缓冲液后，流过 DEAE-纤维素柱，即可直接收集到较纯的 IgG。

三、材料、试剂与器材

（一）材料与试剂准备

$(NH_4)_2SO_4$、Na_2HPO_4、NaH_2PO_4、NaCl、NaOH、DEAE-纤维素（DEAE-32 或 DEAE-52）、Sephadex G-25（或 50）等均为国产分析纯；市售 28%氨水；市售 20%磺基水杨酸溶液；市售 37%浓盐酸。新鲜的羊血浆。

（二）试剂配制

1. 奈氏（Nessler）试剂　　制备和使用方法见第四章第 12 节。
2. 20%磺基水杨酸溶液
3. 0.01mol/L pH7.0 的磷酸盐缓冲液　　0.2mol/L NaH_2PO_4 溶液 39.0ml 和 0.2mol/L Na_2HPO_4 溶液 61.0ml 相混合，用酸度计检查 pH 应为 7.0。取该混合液 50ml，加入 7.5g NaCl，用蒸馏水定容至 1000ml。
4. 0.0175mol/L pH6.7 的磷酸盐缓冲液　　0.2mol/L NaH_2PO_4 溶液 56.5ml 和 0.2mol/L Na_2HPO_4 溶液 43.5ml 相混合，用酸度计检查 pH 应为 6.7。取该混合液 87.5ml，用蒸馏水稀释至 1000ml。
5. 饱和$(NH_4)_2SO_4$溶液　　取分析纯$(NH_4)_2SO_4$ 800g，加蒸馏水 1000ml，不断搅拌下加热至 50～60℃，并保持数分钟，趁热过滤，滤液在室温中过夜，有结晶析出，即达到 100%饱和度，使用时用 28%氨水调至 pH7.0。
6. 0.5mol/L NaOH 溶液　　20g NaOH 溶于蒸馏水并稀释至 1000ml。
7. 0.5mol/L HCl 溶液　　取 37%浓盐酸 20.8ml 溶于蒸馏水并定容至 500ml。

（三）器材

核酸蛋白检测仪，黑、白比色瓷盘，天平，离心管，离心机，恒流泵，记录仪，部分收集器，1.5cm×20cm 层析柱、布氏漏斗等。

四、实验步骤

（一）用盐析法制备血浆 IgG 粗制品

1）在 1 支离心管中加入 5ml 羊血浆和 5ml 0.01mol/L（pH7.0）的磷酸盐缓冲液，混匀。用胶头滴管吸取饱和$(NH_4)_2SO_4$溶液，边搅拌边滴加于血浆溶液中，使溶液中$(NH_4)_2SO_4$的最终饱和度为 20%。加完后，应在 4℃放置 15min，使之充分盐析（蛋白质样品量大时，应放置过夜）。然后以 3000r/min 离心 10min，弃去沉淀（沉淀为纤维蛋白原），清蛋白与球蛋白在上清液中。

2）在量取上清液的体积后，将其置于另一离心管中，用滴管继续向上清液中滴加饱和

$(NH_4)_2SO_4$ 溶液，使溶液的饱和度达到 50% 后，在 4℃ 放置 15min，然后以 3000r/min 离心 10min，清蛋白在上清液中，沉淀为球蛋白。弃去上清液，留下沉淀部分。

3）将所得的沉淀再溶于 5ml 0.01mol/L（pH7.0）的磷酸盐缓冲液中，滴加饱和$(NH_4)_2SO_4$溶液，使溶液的饱和度达 35% 后，4℃ 放置 20min，以 3000r/min 离心 15min，α 与 β 球蛋白在上清液中，沉淀主要为 IgG。弃去上清液，即获得粗制的 IgG 沉淀。

为了进一步纯化，该操作步骤可重复 1~2 次。

4）将获得的粗品 IgG 沉淀溶解于 2ml 0.0175mol/L（pH6.7）的磷酸盐缓冲液中，备用。

（二）IgG 粗制品凝胶过滤法脱盐

1）Sephadex G-25（或 50）的溶胀（水化）：商品 Sephadex G-25（或 50）凝胶为干燥颗粒，使用前必须水化溶胀。一支层析柱中可装入的干胶量用下法推算：称取 1g 所需型号的葡聚糖凝胶干胶，放在 5ml 量筒中，用室温溶胀的方法充分溶胀，观察溶胀后凝胶的体积。再在层析柱中加水到所需柱床高度，将水倒出，量取柱床体积。根据所需柱床体积和 1g 干胶溶胀后的体积，即可推算出干胶的需要量。

称取所需克数的 Sephadex G-25（或 50），加足量蒸馏水充分溶胀（在沸水浴中需 2h，而在室温下约需 6h），接着用蒸馏水洗涤几次，每次应将沉降缓慢的细小颗粒随水倾倒出去，以免在装柱后产生阻塞现象，降低流速。洗好的凝胶浸泡在洗脱液中备用。

2）取层析柱 1 支（1.5cm×20cm），垂直固定在支架上，关闭下端出口。将已经处理好的 Sephadex G-25（或 50）中的水倾倒出去，加入 2 倍体积的 0.0175mol/L 磷酸盐缓冲液（pH6.7），搅拌成悬浮液，再灌注入柱，打开柱下端的出口，随着柱中液面的下降，不断加入搅拌均匀的 Sephadex G-25（或 50），使凝胶自然沉降高度到 17cm 左右，关闭柱下端的出口。待凝胶柱床高度不再改变时，在洗脱瓶中加入 3 倍柱床体积的 0.0175mol/L 磷酸盐缓冲液（pH6.7），使它流过凝胶柱，以使凝胶柱平衡。

3）凝胶平衡后，关闭柱下端的出口，用滴管小心吸去凝胶柱床面上的溶液，再将盐析所得 IgG 样品轻轻加到凝胶柱床面上（注意不要破坏柱床面），打开柱下端出口，控制流速，让 IgG 样品溶液慢慢浸入凝胶。待样品刚好全部浸入柱床面时，马上关闭柱下端出口，在凝胶柱床面上小心加约 2cm 高 0.0175mol/L 磷酸盐缓冲液（pH6.7），然后将装有此缓冲液的洗脱瓶与层析柱上口连接好，打开柱下端出口，开始洗脱，控制流速为 0.5ml/min，用试管收集洗脱液，每管 10 滴。也可用核酸蛋白检测仪检测，同时用部分收集器收集洗脱液。

4）在开始收集洗脱液的同时检查蛋白质是否已开始流出。每支收集管中用胶头滴管吸取 1 滴溶液置于黑色比色瓷盘中（为避免相互污染，胶头滴管用后应及时洗净，再吸取下一管），加入 1 滴 20% 磺基水杨酸，若出现白色絮状沉淀，即证明已有蛋白质出现在此管。直到检查不出白色沉淀时，停止收集洗脱液。

5）从含有蛋白质的每个收集管中，各取 1 滴溶液，分别滴在白色比色瓷盘上，各加入 1 滴奈氏试剂，混匀，若出现棕黄色沉淀说明该收集管中含有硫酸铵。合并不含硫酸铵但含有蛋白质的各收集管溶液，即为"脱盐"后的 IgG。若使用核酸蛋白检测仪检测，记录仪上蛋白峰与硫酸铵峰彻底分开、不重叠，则合并蛋白峰值相对应收集管中洗脱液，即为"脱盐"后的 IgG。

6）收集 IgG 后，凝胶柱可用洗脱液继续洗脱，并用奈氏试剂检测，当无棕黄色沉淀出现时，表明硫酸铵已洗脱干净，这时 Sephadex G-25（或 50）柱即可重复使用或回收凝胶。

（三）DEAE-纤维素离子交换层析纯化 IgG

1. DEAE-纤维素的活化　　称取 1g DEAE-32 或 52，放入 5ml 量筒中，加蒸馏水浸泡过夜，观察溶胀后的体积。根据所用层析柱的柱床体积计算所需 DEAE-纤维素的克数。称取所需 DEAE-纤维素，用蒸馏水浸泡过夜，其间需换几次水，除去细小颗粒。抽干（可用布氏漏斗）。改用 0.5mol/L NaOH 溶液浸泡 1h，抽干，用无离子水漂洗，使 pH 至 8 左右（用 pH 试纸检测）。接着改用 0.5mol/L HCl 溶液浸泡 1h，倾去酸溶液，用无离子水洗至 pH6 左右。然后改用 0.0175mol/L（pH6.7）的磷酸盐缓冲液浸泡平衡。

2. 装柱　　将 0.0175mol/L（pH6.7）的磷酸盐缓冲液平衡好的 DEAE-纤维素轻轻搅匀，沿玻璃棒匀速灌入层析柱中，直到柱床高约 17cm 为止。柱床形成后，在洗脱瓶中装入此缓冲液，将洗脱瓶与层析柱上口连接好，打开柱下端出口，使缓冲溶液流过 DEAE-纤维素柱，直至流出液的 pH 与缓冲溶液的 pH 完全相同为止（用 pH 试纸不断检测）。

3. 上样　　上述平衡过程完毕后，关闭柱下端出口。用滴管小心吸去纤维素柱床面上的溶液，再将脱盐后的 IgG 样品轻轻加在柱床面上（注意不要破坏柱床面），打开柱下端出口，控制流速，使样品慢慢浸入柱床内，待样品刚好全部浸入柱床面时，马上关闭柱下端出口，在柱床面上小心加约 2cm 高 0.0175mol/L（pH6.7）的磷酸盐缓冲液，再将装有此缓冲液的洗脱瓶与层析柱上口连接好，打开柱下端出口，开始洗脱。

4. 洗脱　　控制流速为 0.5ml/min，用试管收集洗脱液，每管 10 滴。从每管中取 1 滴收集液滴在黑色比色瓷盘上，然后再加 1 滴 20%磺基水杨酸溶液，检查是否产生白色沉淀。在此条件下，在收集液中首先出现的蛋白质即为纯化的 IgG。因此，从洗脱开始就应收集洗脱液，直至收集液中无蛋白质（用磺基水杨酸检查不出现白色沉淀）为止，合并含有蛋白质的各管收集液即为纯化的 IgG 溶液。然后，可用 SDS-PAGE 检测其纯化效果。

5. 柱内 DEAE-纤维素再生转型　　让使用过的离子交换剂恢复原状的方法称为"再生"。再生并非每次用酸、碱反复处理，通常只要"转型"处理即可。所谓转型就是使交换剂带上所需的某种离子，如需要阴离子交换剂带上 Cl^-，则可用 NaCl 溶液处理；如需要阳离子交换剂带上 NH_4^+，则可用氨水浸泡。在本实验中，由于 DEAE-纤维素使用后带有大量的杂蛋白，所以再生时，先用 0.5mol/L NaOH 溶液浸洗 1h 以上，抽干（可用布氏漏斗）后，再用无离子水漂洗，使 pH 至 8 左右（用 pH 试纸检查），然后再用 0.0175mol/L（pH6.7）磷酸盐缓冲液浸泡（以 HPO_4^{2-} 取代 DEAE 中的 OH^-）即可转型，转型后即可再次使用。

五、注意事项

1) 本实验的凝胶暂时不使用时可浸泡在溶液里，存放在 4℃冰箱中。若在室温保存应加入 0.01%乙酸汞或 0.02%叠氮钠等防腐剂，以防发霉；用时以水洗去防腐剂即可使用。凝胶长期不用，可先用水洗净，再分次加入百分浓度递增的乙醇溶液洗涤，每次停留一段时间，使之平衡，再换下一浓度的乙醇，让凝胶逐步脱水，再用乙醚除乙醇，抽干或将洗净的凝胶放在表面皿上，30℃烘干后保存。

2) 虽然在盐析条件相同的情况下，蛋白质浓度越高越容易沉淀，但是盐析时必须选择适当的蛋白质浓度，以免浓度过高引起其他杂蛋白的共沉作用。

3) 为了防止饱和硫酸铵搅拌不均匀或一次性加入造成局部过饱和现象，影响盐析的效果，向蛋白质溶液中加入饱和硫酸铵溶液进行盐析时，一定要边滴加边搅拌。另外，搅拌时不应过急，以免产生过多泡沫，致使蛋白质变性失活。

4）盐析操作一般可在室温下进行，而对某些对热特别敏感的酶进行盐析时，则应在低温条件下进行。

【思考题】

1. 葡聚糖凝胶水化溶胀有两种方法：一种是置于沸水浴中溶胀，一种是浸入蒸馏水中于室温下溶胀，哪种方法更好？为什么？
2. 本实验如果改用动物血清为实验材料，请问实验步骤该做如何改动？
3. 柱层析时，装柱的质量是关键，应怎么装柱？如层析过程中干柱，该怎么处理？

第5节 猪血清蛋白质聚丙烯酰胺凝胶柱状电泳

聚丙烯酰胺凝胶柱状电泳分辨率高，可重复性好，可广泛用于核酸、蛋白质的分离、鉴定和小量制备等。它因电泳过程在玻璃柱中进行而得名，又因蛋白质样品在电泳后形成的区带形状像圆盘，故又称为圆盘电泳。

一、实验目的

掌握聚丙烯酰胺凝胶柱状电泳的原理和操作步骤。

二、实验原理

柱状电泳在柱状电泳槽中进行，不连续聚丙烯酰胺凝胶柱状电泳由于胶的浓度不同，制备凝胶和电泳缓冲液的缓冲溶液成分及 pH 不同。蛋白质样品通过浓缩胶的浓缩并按分子大小排列成层，接着进入分离胶，随着电泳的不断进行，不同大小的蛋白质分子逐渐被分开。详细原理请参阅第二章第 3 节。

不连续聚丙烯酰胺凝胶电泳的分辨率很高，少量的蛋白质样品（1～100μg）也能分离得很好，如血清蛋白质可获得近 20 条区带（醋酸纤维薄膜电泳只有 5～6 条区带）。

三、材料、试剂与器材

（一）材料与试剂准备

溴酚蓝、Tris、甘氨酸、考马斯亮蓝 R250、甲醇、冰醋酸等均为国产分析纯；新鲜猪血清等。

（二）试剂配制

1. 0.05%溴酚蓝 溴酚蓝 0.1g 溶解于 0.05mol/L 氢氧化钠溶液 3.0ml 中，再加蒸馏水定容至 200ml。

2. **两种胶的贮存液**　见实验步骤中凝胶柱的制备。
3. **染色液**　取 0.25g 考马斯亮蓝 R250，加入 454ml 50%甲醇水溶液和 46ml 冰醋酸。
4. **脱色液**　75ml 冰醋酸、875ml 蒸馏水与 50ml 甲醇混合。
5. **电极缓冲液（pH8.3）**　甘氨酸 28.8g 和 Tris 6.0g 溶解于蒸馏水并定容至 1000ml，用时 10 倍稀释。

（三）器材

凝胶电泳玻璃管，5～10ml 注射器，10cm 长注射器针头（7 号），100μl 微量进样器，圆盘电泳槽等。

四、实验步骤

（一）凝胶柱制备

将洗净烘干的凝胶电泳玻璃管一端插在疫苗瓶的橡皮帽中，或用其他材料将玻璃管一端封闭，将封闭的一端朝下垂直放于桌面支架上。取出预先配制的胶贮存液按表 3-7 操作，用量根据玻璃管大小决定。

表 3-7　操作步骤

	100ml 溶液中的含量		溶液混合比例	
1 号	1mol/L HCl Tris TEMED 用浓 HCl 调至 pH8.9	48.0ml 36.6g 0.23ml	分离胶 1 号 2 号 蒸馏水 （抽气） 3 号 凝胶浓度 7.5%，pH8.9	1 份 2 份 1 份 4 份
2 号	Acr Bis	30.0g 0.8g		
3 号	过硫酸铵	0.3g		
4 号	1mol/L HCl Tris TEMED 用浓 HCl 调至 pH6.7	约 48ml 5.98g 0.46ml	浓缩胶 4 号 5 号 7 号 （抽气） 6 号 凝胶浓度 2.5%，pH 6.7	1 份 2 份 4 份 1 份
5 号	Acr Bis	10.0g 2.5g		
6 号	核黄素	4.0mg		
7 号	蔗糖	40.0g		

按表 3-7 先配制分离胶，在 50ml 干燥小烧杯中按比例加入 1、2 号溶液及蒸馏水，放入干燥器中，用水泵或抽气机抽气至溶液中无气泡冒出为止。取出，加入新配制的过硫酸铵，用玻璃棒混匀，及时用胶头滴管吸取胶液灌入玻璃管内约 6.5cm 高（可预先做记号）。再马上顺管壁（不要滴加）加入 3～5mm 高的水层，以隔离空气加速胶凝的过程。加水时要防止搅乱胶面，待 30min 即凝聚成胶，此时胶与水之间形成一条明显的界线。用滤纸吸干或倒出胶面上的水。

按表 3-7 配制浓缩胶，在抽气后加入核黄素，混匀。先用部分胶液冲洗分离胶面，倒出，接着马上灌入余下的浓缩胶约 1cm 高，再按上述方法小心地加一层水。将胶管置于日光灯或日光下照射，进行光化反应，约 30min 后聚合完全，此时可见浓缩胶呈一层明显的灰白色胶柱。除去水层，用电极缓冲液洗涤胶面，用滤纸条吸干，再用电极缓冲液加满至管顶，即可上样电泳。

浓缩胶层应在临电泳前制备。

（二）加样

取新制猪血清 10～15μl，加等量 40% 蔗糖和 5μl 0.05% 溴酚蓝，放置在干净的白瓷板孔中，混匀。用微量进样器吸取样品，让针头穿过胶面上的缓冲液，缓缓推动进样器，使样品慢慢落在胶面上，以免样品与缓冲液混合。

若有其他蛋白质样品，也按上述操作，加入另一凝胶管中同时电泳。

（三）电泳

已加好样品的凝胶管，轻轻除去下端的皮塞或封闭物，将凝胶管插入圆盘电泳槽孔中（上为 1/3，下为 2/3），记录各管所处编号位置。凝胶管要插得垂直。插好后，加入少量电极缓冲液于槽中，检查是否漏水，若不漏水即可加足电极缓冲液，至少要淹没凝胶管顶部。电泳槽下槽中也加入电极缓冲液，至少要淹没电极。再接通电源，正极在下，负极在上。电泳初期电压控制在 70～80V，待样品进入分离胶后，加大电压到 100～120V，继续电泳。当溴酚蓝指示剂到达距胶管底部 0.5～1cm 处时停止电泳，关闭电源。

倒出电泳槽中的电极缓冲液，取出凝胶玻璃管。用带长注射针头（10cm）的注射器吸满水，针头插入玻璃管壁与凝胶之间，边插入边注水，并使针头沿管壁转动，直到针头插到头，这样胶柱即可脱离玻璃管滑出。如仍未自动滑出，可用洗耳球轻轻把凝胶柱吹出，但不能用力过大，以免凝胶滑出过猛而断裂。

（四）染色

将取出的凝胶柱放入大试管或平皿中，加入染色液，染色 20～30min。倒出染色液并回收，换成脱色液漂洗，放在 37℃ 处加热促进脱色或多次更换脱色液，直至无蛋白质区带处背景的颜色褪净，可见清晰的血清蛋白质电泳图谱为止。

电泳结果拍照或用扫描仪扫描记录。凝胶柱在 7% 乙酸溶液中可长期保存。

五、注意事项

1）抽气的目的是减少凝胶中的氧气，有利于自由基发挥作用，促进胶的聚合，同时除去胶液中的空气，防止形成凝胶后空气形成的气泡影响电泳。

2）制胶和电泳时，玻璃管一定要保持垂直，以免带形不整齐，降低分辨率。

3）整个取胶过程要求动作慢，细心，保持胶的完整性，以保证获得理想的实验结果。

【思考题】

1. 凝胶电泳所用的玻璃管有什么要求？用前怎么处理？
2. Bis 和 Acr 有什么危害？操作时应怎样应对？
3. 为什么 Acr 和 Bis 溶液的 pH 应不超过 7.0，且要置棕色瓶中贮存于室温，每隔几个月须重新配制？

第 6 节　超滤法制备新生小牛胸腺肽

胸腺肽是从冷冻的新生小牛胸腺中，经提取、部分热变性、超滤等工艺流程制备出的一种具有高活力的混合肽类药物制剂。胸腺肽具有调节胸腺免疫功能、抗衰老和抗病毒作用，适用于原发和继发性免疫缺陷病，以及因免疫功能失调所引起的疾病，对肿瘤、急慢性病毒性肝炎及再生障碍性贫血等有很好的辅助效果，且无过敏反应和不良的副作用。

一、实验目的

掌握超滤技术的原理、操作步骤及注意事项。

二、实验原理

胸腺是哺乳动物的重要免疫器官，其中含有大量的免疫活性成分。超滤技术是以 $0.1\sim0.5MPa$ 的压力差为推动力，利用多孔膜的拦截能力，以物理截留的方式，将溶液中的不同大小的物质颗粒分开，从而达到纯化和浓缩的目的。本实验利用超滤技术制备分子量小于 10 000 的混合肽——胸腺肽。

据 SDS-聚丙烯酰胺凝胶电泳分析表明，胸腺肽中主要包括分子量在 9600 和 7000 左右的两类蛋白质，氨基酸组成达 15 种，必需氨基酸含量较高。胸腺肽对热较稳定，加温到 80℃ 生物活性不降低，被水解成氨基酸后，生物活性消失。

三、材料、试剂与器材

（一）材料与试剂准备

-20℃保存的新生小牛胸腺。

（二）试剂配制

重蒸馏水。

（三）器材

无菌剪刀，-20℃冰柜，大容量低温离心机，超滤器，截留分子量为 10 000 的超滤膜，高速组织捣碎机，灭菌绞肉机等。

四、实验步骤

（一）原料处理

取-20℃保存的新生小牛胸腺，用无菌剪刀减去筋膜、脂肪等非胸腺组织，然后用冷无菌重蒸馏水冲洗，放入灭菌绞肉机中绞碎。

（二）制匀浆、提取

1∶1（m/V）比例混合的绞碎胸腺与冷重蒸馏水置于10 000r/min的高速组织捣碎机中，捣碎1min，制成胸腺匀浆，浸渍提取，温度应在10℃以下，并于-20℃冰冻贮藏48h。

（三）部分热变性、离心、过滤

将冻结的胸腺匀浆融化后，置水浴上在搅拌下加温至80℃，保持5min，迅速降温，放置-20℃以下冷藏2~3天。接着取出融化，以5000r/min离心40min，温度2℃，收集上清液，除去沉渣，用微孔滤膜（0.22μm）或滤纸减压抽滤，得澄清滤液。

（四）超滤、提纯、分装、冻干

将滤液用截流分子量为10 000的超滤膜（美国Millipore超滤器）进行超滤，收取分子量10 000以下的活性多肽，获得精制液，置-20℃冷藏。

（五）分析鉴定

利用SDS-PAGE（5%浓缩胶和12%的分离胶）进行分析鉴定，主带分子量应为9600和7000。

检验合格后，加入3%甘露醇做赋形剂，用微孔滤膜除菌过滤，分装，冷冻干燥即得注射用胸腺肽。

五、注意事项

1）提取可用生理盐水或pH为2的蒸馏水。亦可用重蒸馏水低渗提取、冻融处理胸腺匀浆，这样可使活性多肽充分溶于水中，提高效率。

2）应用超滤设备进行纯化，操作简便，分离完整，可一次性除去分子量在10 000以上的大分子蛋白质，是较好的提纯方法，1kg胸腺可制胸腺肽3g左右。

3）每头健康的小牛可得胸腺约100g。实验人员穿戴好口罩、帽子、隔离衣，戴无菌手套将采摘的胸腺放入无菌容器内，马上于-20℃下冷藏。操作过程和所用器具应洗净、无菌、无热原。

【思考题】

超滤技术与其他纯化技术相比，其优缺点是什么？

第7节　鸡卵清蛋白的分离提纯

存在于鸡蛋清中的鸡卵清蛋白，对胰蛋白酶有强烈的抑制作用，高纯度的鸡卵清蛋白抑制胰蛋白酶的物质的量之比为1∶1。用鸡卵清蛋白制成亲和层析的配基，可用来分离、纯化胰蛋白酶。

一、实验目的

掌握鸡卵清蛋白分离提纯的原理和技术。

二、实验原理

鸡卵清蛋白在碱性溶液中较不稳定，尤其当温度较高时易迅速失活，而在酸性或中性溶液中，鸡卵清蛋白对高浓度的脲和热都是相当稳定的。先由鸡蛋清经三氯乙酸（TCA）-丙酮溶液处理，除去沉淀物，然后经丙酮分级沉淀得粗品，再经 DEAE-纤维素柱层析纯化而得合格产品。以 DEAE-纤维素（DEAE-32）为离子交换剂，以 0.3mol/L 氯化钠-0.02mol/L（pH6.5）的磷酸盐缓冲液为洗脱液，进行离子交换层析纯化鸡卵清蛋白。

三、材料、试剂与器材

（一）材料与试剂准备

DEAE-纤维素（DEAE-32）、丙酮、三氯乙酸、盐酸、氯化钠、氢氧化钠、硝酸银等均为国产分析纯；新鲜鸡蛋。

（二）试剂配制

DEAE-纤维素（DEAE-32）；冷丙酮；10%三氯乙酸（用固体 NaOH 调节 pH 至 1.15）；0.5mol/L 盐酸；0.2mol/L（pH6.5）磷酸盐缓冲液；0.02mol/L（pH6.5）磷酸盐缓冲液；0.3mol/L 氯化钠-0.02mol/L（pH6.5）的磷酸盐缓冲液；0.5mol/L 氢氧化钠-0.5mol/L 氯化钠溶液；1%硝酸银溶液；去离子水；5mol/L 盐酸溶液；5mol/L 氢氧化钠溶液；0.05mol/L 碳酸钠缓冲液（pH9.0）等。

（三）器材

磁力搅拌器，抽滤瓶（500~1000ml），布氏漏斗，层析柱，pH 计，离心机，移液器，恒流泵，核酸蛋白检测仪，记录仪，自动部分收集器，真空干燥器等。

四、实验步骤

（一）卵清蛋白的提取

1）取 50ml 鸡蛋清，加入等体积 10%（pH1.15）的三氯乙酸溶液，边加边搅拌，这时会出现大量白色絮状沉淀。用 pH 计检查 pH，此时提取液的最终 pH 大约是 3.5，若该溶液的 pH 偏离 3.5±0.2，则要用 5mol/L 盐酸或 5mol/L 氢氧化钠将 pH 调回到 pH3.5±0.2 的范围以内。

2）稳定后，在室温下，静置 4h 以上。用布氏漏斗抽滤，得黄绿色清液。

3）边搅拌边加入 4℃预冷的丙酮 200ml，在 4℃放置 2h 之后，将上清液小心倒入瓶中回收，下部沉淀部分于 4000r/min 离心 5min，收集沉淀。

4）将沉淀溶于 10ml 去离子水中，在去离子水（50 倍）中透析 4h，换水两次。接着在 0.05mol/L 碳酸钠缓冲液中透析过夜，4000r/min 离心 10min，除去不溶物，留取上清液。

（二）DEAE-纤维素离子交换层析纯化

1. DEAE-纤维素粉的处理　　称取 10g DEAE-纤维素粉，用蒸馏水浸泡，以浮选法去除 1～2min 不下沉的杂质及漂浮物后，转移至布氏漏斗内（内垫 200 目的尼龙网）抽滤，以 150ml 0.5mol/L 氢氧化钠-0.5mol/L 氯化钠溶液浸泡 20min，然后转移至布氏漏斗内抽滤。用蒸馏水洗至 pH8.0 左右，抽干。再移至一个 500ml 的烧杯内，用 150ml 0.5mol/L 盐酸浸泡 20min，接着转移至布氏漏斗内，抽滤，用蒸馏水洗至 pH6.0 左右，最后转移到烧杯内，用 150ml 0.2mol/L（pH6.5）磷酸盐缓冲液浸泡约 15min，经真空干燥器脱气后装柱。

2. 装柱与平衡　　取一支层析柱（35mm×200mm）垂直固定好，装入约 1/4 体积的 0.02mol/L（pH6.5）磷酸盐缓冲液，除去层析柱内气泡后关闭底部开关，将处理过的 DEAE-纤维素以适量 0.2mol/L（pH6.5）磷酸盐缓冲液搅匀，慢慢地装入柱内，接着打开层析柱底部开关，边排水边继续加 DEAE-纤维素，直至床高度达层析柱的 4/5 左右。要求柱内均匀无气泡，无明显界面，床面平整。柱子装好后以同一缓冲液平衡 10min，接着逐一安装好恒流泵、核酸蛋白检测仪、记录仪、自动部分收集器等仪器，恒流泵流速为 10～15 滴/分（以下均同），流出液经紫外分光光度计测定吸光度，待 A_{280nm} 值小于 0.02 时或在核酸蛋白检测仪上绘出稳定的基线即可。

3. 上样与洗脱　　先关闭恒流泵，打开层析柱底部开关，使柱内溶液流至床表面时关闭，用滴管吸取脱盐后的样品溶液 0.5ml，在距床表面上 1mm 处沿管内壁轻轻转动加进样品，加完后打开底部开关使样品流至床表面，用少量洗脱液同样小心清洗表面 1～2 次，使洗脱液流至床表面，接着将洗脱液在柱内加至 4cm 高，打开恒流泵以 0.02mol/L（pH6.5）的磷酸盐缓冲液洗脱，待流出液在核酸蛋白检测仪上绘出稳定的基线后，改用 0.3mol/L 氯化钠-0.02mol/L（pH6.5）的磷酸盐缓冲液洗脱，收集第二洗脱峰。

4. 透析　　经 DEAE-纤维素离子柱层析制得鸡卵清蛋白溶液装入透析袋内，用蒸馏水进行透析，间隔一段时间更换一次蒸馏水，直至经 1%硝酸银溶液检验无氯离子时为止。

5. 干燥　　将透析后的样品真空冷冻干燥。

五、注意事项

为防止局部过酸而出现块状物，加入三氯乙酸的速度一定要慢。

【思考题】

本实验加 DEAE-纤维素装柱时，如使层析床面暴露于空气中会产生什么后果？

第 8 节　等电聚焦电泳法测定蛋白质的等电点

蛋白质是两性电解质，在等电点处，该蛋白的荷电数为"零"，且不同的蛋白质具有不同的等电点（pI）。根据蛋白质在等电点荷电为"零"这一特点建立起来的等电聚焦电泳技术，是一种分离、制备及鉴定多肽、蛋白质的技术。

一、实验目的

掌握等电聚焦电泳法的原理、一般操作步骤和注意事项。

二、实验原理

在一个从阳极到阴极，pH 由低到高连续而稳定变化（即环境由酸变碱）的电泳系统中，根据所处环境的 pH 与其自身等电点的差别，具有不同等电点的各种蛋白质，分别带上负电荷或正电荷，并向与它们各自的等电点相当的 pH 环境位置处移动，当到达该位置时即停止移动，分别形成一条集中的蛋白质区带——聚焦。这种根据蛋白质等电点的不同而将它们分离开的电泳方法称为等电聚焦电泳。电泳后测定各种蛋白质"聚焦"部位的 pH，即可获知它们的等电点。

三、材料、试剂与器材

（一）材料与试剂准备

两性电解质 Ampholine（浓度 40%，pH3～10）、TEMED、Acr、Bis、过硫酸铵、三氯乙酸、冰醋酸、甲醇、考马斯亮蓝 R250、牛血清白蛋白、浓磷酸、浓硫酸、乙二胺等均为国产分析纯。

（二）试剂配制

1. 正极缓冲液　　0.2%（V/V）硫酸或磷酸。
2. 负极缓冲液　　0.5%（V/V）乙二胺水溶液。
3. 样品液　　牛血清白蛋白（生化试剂），配成 10mg/ml 的水溶液。
4. 染色液　　考马斯亮蓝 R250 2.0g 以 50%甲醇 1000ml 溶解。使用时取得 93ml，加入 7.0ml 冰醋酸，混匀即可使用。
5. 脱色液　　按 5 份甲醇、5 份水和 1 份冰醋酸混合即可。
6. 固定液　　10%（m/V）三氯乙酸。
7. 30% Acr 溶液　　Acr 29.0g 和 Bis 1.0g 溶于蒸馏水并定容至 100ml，过滤，4℃贮存。
8. 1.0%过硫酸铵溶液　　临用时配制。

（三）器材

7 号（长 10cm）针头和注射器，玻璃管（内径 5cm，长 80～100cm），真空干燥器，烧杯，圆盘电泳槽，电泳仪（100mA，600V），微量进样器（100μl）等。

四、实验步骤

（一）7.5%凝胶制备

2.0ml 30% Acr 溶液、0.4ml 1.0%过硫酸铵溶液和 5.1ml 水于 50ml 的小烧杯内混匀，在真空干燥器中抽气 10min（可省略）。接着加入 0.3ml Ampholine、0.1ml 牛血清白蛋白待测样品和 0.1ml TEMED，混匀后马上注入已准备好的凝胶管中。胶液加至离管顶部 5mm 处，在胶面上再覆盖 3mm 厚的水层，应避免让水破坏胶的表面。室温下放置 20～30min 即可聚合（表 3-8）。

表 3-8　7.5%凝胶制备　　　　　　　　　　　　　　　　　　　　单位：ml

试剂	体积	试剂	体积
30% Acr 溶液	2.0	pH3～10 Ampholine	0.3
1.0%过硫酸铵溶液	0.4	样品液	0.1
水	5.1	TEMED	0.1

（二）点样

根据等电聚焦的特点，对样品的体积和加样的位置不需严格要求。本实验采用将样品直接混入凝胶的加样方法（其优点是操作简单）。样品的体积可以很大，如每管可加样 0.5ml 以上。比较稀的样品可以不需浓缩，直接加样。

等电聚焦的点样量范围比较大，柱状电泳点样量一般在 5～100μg。如要提高点样量，应该考虑到两性电解质载体的缓冲能力，随着点样量的增加，应该适当提高两性电解质的含量。

可采用专用等电聚焦电泳槽水平板方法电泳，水平板凝胶做法与板状聚丙烯酰胺凝胶做法一样，做好的凝胶板水平放在特制电泳槽中进行电泳，样品先点在滤纸片上，再把滤纸片放在凝胶表面离阴极端 1/3 处。

可在样品中加入聚焦指示剂，如甲基红染料（pI=3.75）、带红颜色的肌红蛋白（pI=6.7），或细胞色素 c（pI=10.25），以观察聚焦的进展情况。

（三）电泳

吸去凝胶柱表面上的水层，将凝胶管垂直固定于圆盘电泳槽中。于电泳槽上槽加入 0.5% 的乙醇胺（或乙二胺）作负极；下槽加入 0.2%的硫酸（或磷酸）作正极。打开电源，将电压恒定为 160V，电流将不断下降（因为聚焦过程是电阻不断加大的过程），降至稳定时，即表明聚焦已完成，继续电泳约 30min 后，停止电泳，全程需 3～4h。

（四）剥胶

电泳结束后，取下凝胶管，用水洗去胶管两端的电极液，按照柱状电泳剥胶的方法取出胶条，以胶条的正极为"头"，负极为"尾"，若胶条的正、负端不易分清，可用广泛 pH 试纸测定，负极端呈碱性，正极端呈酸性。剥离后，量出并记录凝胶的长度。

（五）固定、染色和脱色

取凝胶条 3 根，放在固定液中过夜（或固定 3h），接着转移到脱色液中浸泡，换 3 次溶液；每次 10min，浸泡过程中不断摇动，以除去 Ampholine。量取并记录漂洗后的胶条长度。此时应注意不要把正、负端弄混或胶条折断。然后把胶条放到染色液中，室温下染色 45min，取出胶条，用水冲去表面附着的染料，放在脱色液中脱色，不断摇动，并更换 3～5 次脱色液。待本底颜色脱去，蛋白质区带清晰时，量取并记录凝胶长度，以及蛋白质区带中心至正极端的距离。

（六）pH 梯度的测量

常用的测定 pH 梯度的方法有三种。

1. 表面微电极法　　即用表面微电极在胶表面上定点测定 pH。

2. 标准蛋白法　　即选择一系列已知等电点的蛋白质进行聚焦电泳，经固定、染色、脱色后，测定各条区带到阳极端的距离，各种蛋白质所在位置的 pH，即为它们各自的等电点。以此为标准，测知待测样品的等电点。

3. 切段法　　取未经固定的胶条两根，按照从酸性端（正极端）到碱性端（负极端）的顺序切成 0.5cm 长的区段，放入有标号的、装有 1ml 蒸馏水的试管中，浸泡过夜。接着用精密 pH 计（或精密 pH 试纸）测出每管浸泡液的 pH 并记录。本实验采用切段法测定 pH 梯度。

（七）结果测定

1. pH 梯度曲线的制作　　以胶条长度（mm）为横坐标，各区段对应的 pH 的平均值为纵坐标，在坐标纸上作图，可得到一条近似直线的 pH 梯度曲线。因为测得的每一管的 pH 是 5mm 长一段凝胶各点 pH 的平均值，所以作图时可把此 pH 视为 5mm 小段中心区的 pH，于是第一小段的 pH 所对应的凝胶条长度应为 2.5mm；第二小段的 pH 所对应的凝胶条长度应为（5×2-2.5）mm；以此类推，第 n 小段的 pH 所对应的凝胶条长度应为（5n-2.5）mm。

2. 待测蛋白质样品等电点的求算

1）按式（3-7）计算蛋白质聚焦部位距凝胶柱正极端的实际长度（以 L_P 表示）：

$$L_P = l_P \times l_1 \div l_2 \qquad (3-7)$$

式中，l_P 是染色后蛋白质区带中心至凝胶柱正极端的长度；l_1 是凝胶条固定前的长度；l_2 是凝胶条染色后的长度。

2）根据式（3-7）计算待测蛋白质的 L_P，在标准曲线上查出所对应的 pH，即为该蛋白质的等电点。

五、注意事项

1）环境中 CO_2、两性载体的稳定性、电渗及温度等因素可影响测定结果。

2）pH 梯度范围与实验测定的精确度有关，一般应先用宽 pH 范围（pH2.5～11 或 pH3.5～10）载体进行实验，再用窄 pH 范围载体进行分析或制备，这样既可以增加样品负载量，又可以提高分辨率。

【思考题】

1. 本实验选用的 7.5% 浓度的凝胶有什么优点？若使用较低浓度的凝胶，该怎样处理？
2. 能否用等电聚焦电泳技术分离等电点非常接近，但分子量大小不同的两种蛋白质？

第 9 节　SDS-聚丙烯酰胺凝胶电泳法测定蛋白质的分子量

在聚丙烯酰胺凝胶电泳体系中加入十二烷基硫酸钠（sodium dodecylsulfate，SDS）组成 SDS-聚丙烯酰胺凝胶电泳（SDS-PAGE）。SDS-PAGE 常用于测定蛋白质分子量，尤其是分子量在 12 000~200 000 的蛋白质，其优点是设备简单及误差小（一般在±10%以内）、操作方便、样品用量甚微且重复性高。

一、实验目的

掌握 SDS-PAGE 测定蛋白质分子量的基本原理、操作方法和注意事项。

二、实验原理

带有负电荷的 SDS 分子，可与蛋白质的疏水区相结合，使蛋白质伸展和解聚，呈现一致的强负电荷。当采用加有 SDS 的聚丙烯酰胺凝胶进行电泳时，利用聚丙烯酰胺凝胶的分子筛效应，可以进行蛋白质分子量的测定。

经 SDS 处理后解离成肽链的蛋白质样品与某些已知分子量的指示蛋白进行电泳比较，依据蛋白质的电泳迁移率，在一定的分子量范围内与分子量的对数所呈的线性关系，即可测定出肽链的分子量。当同时有还原剂存在时，多肽链内部的二硫键则被断开，形成巯基。因此用该方法测得的是蛋白质亚基的分子量。

SDS-PAGE 可以采用圆盘电泳的形式，也可以采用垂直板状电泳的形式，其操作步骤大致相同。SDS-PAGE 也可分为连续体系和不连续体系。

三、材料、试剂与器材

（一）材料与试剂准备

过硫酸铵、TEMED、冰醋酸、甲醇、考马斯亮蓝 R250、冰醋酸、β-巯基乙醇、Acr、Bis、Tris、SDS、甘氨酸、浓 HCl 等均为国产分析纯。

（二）试剂配制

1. 分离胶缓冲液   Tris 18.165g，10%SDS 4.0ml，加水溶解并定容至 100ml，用 HCl 调 pH=8.8。

2. 浓缩胶缓冲液   Tris 6.055g，10%SDS 4.0ml，加水溶解并定容至 100ml，用 HCl 调 pH=6.8。

3. 30%Acr-Bis   73.0g Acr、2.0g Bis，用水充分溶解并定容至 250ml。

4. 电泳缓冲液（pH8.3）   Tris 3.03g，甘氨酸 14.41g，加水溶解后，加入 10%SDS 10ml，再加水稀释至 1000ml。

5. 蛋白质样品   由实验室临时给定。

蛋白质样品应预先测定浓度，电泳样品的准备方法如下：蛋白质样品 X 份，水 Y 份，溴酚蓝指示剂 1 份，上样缓冲液（不含或含 β-巯基乙醇）1 份，使电泳样品中的蛋白质浓度达到 1mg/ml 为宜。电泳前，样品先煮沸 3~5min。如处理好的样品暂时不用，可放在-20℃冰箱保存较长时间。

样品缓冲液的制备：4×浓缩胶缓冲液 30ml，β-巯基乙醇 12ml（或用等体积的水），7.2g SDS，加水至 50ml。

6. 染色液   250mg 考马斯亮蓝 R250 溶于含有 9%冰醋酸、45.5%甲醇和 45.5%水的

100ml 混合液中。

7. 洗脱液　　冰醋酸∶甲醇∶水 = 7.5∶5.0∶87.5（V/V）。
8. 10%过硫酸铵（当天配制）
9. TEMED
10. 低分子质量或中分子质量标准（参照附录中常用蛋白质分子质量标准）

（三）器材

注射器、微量加样器、电泳仪、垂直板电泳槽等。

四、实验步骤

（一）封槽

玻片，垂直板电泳槽等用95%乙醇清洁。用对半稀释的电泳缓冲液配制的1%琼脂糖凝胶封槽。

（二）制胶

凝胶浓度应根据未知样品的估计分子量进行选择，特别是分离胶的浓度。

1. 10%分离胶的制备　　按下列配方配制12.5ml分离胶（表3-9）。

表3-9　分离胶配方

试剂	体积	试剂	体积
30%Acr-Bis	4.16ml	10%过硫酸铵	190μl
分离胶缓冲液	3.12ml	TEMED	10μl
水	5.00ml		

混匀后迅速将胶液灌入电泳槽中，使凝胶面与上槽边缘距离2.5～3.5cm，马上用少许水封闭胶面以隔绝空气。待完全聚合后，倾去胶面液体，用滤纸吸干表面。

2. 5%浓缩胶的制备　　按下列配方配制5ml浓缩胶（表3-10）。

表3-10　浓缩胶配方

试剂	体积	试剂	体积
30%Acr-Bis	0.834ml	10%过硫酸铵	100μl
浓缩胶缓冲液	1.25ml	TEMED	5.0μl
水	2.811ml		

先插入模梳，再依次注入上述配制好的分离胶和浓缩胶（亦可先灌胶，再迅速插入模梳）。待完全聚合后，慢慢拔出模梳，用上槽电极缓冲液冲洗加样孔，待加样。

（三）加样

上下槽中注入适量电泳缓冲液。每个加样孔中加样5～10μl，并用已知分子量的标准系列蛋白质20μl作对照。在100℃加热3min以使蛋白质变性。

（四）电泳

上槽接负极，下槽接正极，电压200V，由溴酚蓝指示剂指示前沿决定电泳终点。

（五）染色与脱色

停止电泳，取出凝胶，标记溴酚蓝前沿。用考马斯亮蓝R250染色2~6h（可过夜），在脱色液中浸洗12h，直至背景无色。

脱色后，将凝胶浸于水中，可长期封装在塑料袋内而不降低染色强度。可通过凝胶干燥成胶片或拍照，永久性记录。

（六）分子量的测定

将脱色的凝胶，从正极端起量取每条电泳带的迁移距离（或算出迁移率），即 R_f 值。以相应的迁移距离为横坐标，以标准分子量指示蛋白的分子量对数为纵坐标，制作标准曲线，从曲线中查出待测样品的分子量。

五、注意事项

1）SDS与蛋白质的结合量：当SDS单体浓度在1mmol/L时，1g蛋白质可与1.4g SDS结合才能生成SDS-蛋白复合物。巯基乙醇可使蛋白质间的二硫键还原，使SDS易与蛋白质结合。样品溶液中，SDS的浓度至少比蛋白质的量高3倍，否则可能影响样品的迁移率。

2）在SDS-PAGE中，需要高纯度的SDS，市售化学纯SDS需结晶1~2次方可使用。

3）由于凝胶中含SDS，直接制备干板会产生龟裂现象，常采用照相法保存结果。

【思考题】

样品溶液为什么采用低离子强度？在处理蛋白质样品时，为什么应在沸水浴中保温3~5min？

第10节 聚合酶链反应

聚合酶链反应（polymerase chain reaction，PCR）技术是一种体外酶促扩增DNA的技术，可以在体外将目的DNA片段扩增上百万倍。PCR技术因灵敏度好、操作简便、特异性高、易于自动化等特点，被运用到核酸测序、基因克隆、基因表达调控研究、疾病诊断等领域。

一、实验目的

掌握PCR的基本原理、操作步骤、PCR引物设计的基本原则。

二、实验原理

PCR技术的基本原理类似于细胞内DNA的复制过程，其特异性依赖于与靶序列两端互补的寡核苷酸引物。PCR 反应由变性、退火和延伸三个基本步骤构成。

（一）PCR 的基本过程

1. 模板 DNA 的变性　　模板 DNA 加热至 94℃左右一定时间后，DNA 双链或经 PCR 扩增形成的双链 DNA 解离为单链 DNA。单链 DNA 模板在较低温度下可与引物特异性结合。

2. 模板 DNA 与引物的退火（复性）　　模板 DNA 经加热变性成单链后，温度降至 55℃左右，引物与模板 DNA 单链的互补序列配对结合。

3. 引物的延伸　　待 DNA 模板-引物复合物形成后，将温度改变至 72℃左右，在 *Taq* DNA 聚合酶的作用下，以 dNTP 为反应原料，靶序列为模板，按碱基配对与半保留复制原则，合成一条新的与模板 DNA 链互补的子链。重复循环变性、退火、延伸三过程，就可获得更多的"半保留复制链"，而且这种新链又可成为下次循环的模板。每完成一个循环需 2～4min，2～3h 就能将目的 DNA 片段扩增放大几百万倍。

（二）PCR 反应体系的组成

典型的 PCR 反应体系组成如下：DNA 模板、寡聚核苷酸引物、四种单脱氧核苷酸混合物（dNTP）、*Taq* DNA 聚合酶及其浓度、反应缓冲液。

1. DNA 模板　　PCR 反应中的模板可以是来源于各种生物的双链或是单链 DNA，也可以是人工合成的 DNA 片段。一般情况下，PCR 可以用纳克（ng）级的 DNA 克隆模板或是微克（μg）级的基因组 DNA。用于 PCR 的模板 DNA，对于纯度要求不是很高。但需要满足以下条件：一是要含有至少一个包含有完整待扩增片段的 DNA 分子；二是样本中的其他物质不会影响 *Taq* DNA 聚合酶的活性。

2. 寡聚核苷酸引物　　引物是 PCR 特异性反应的关键，PCR 产物的特异性取决于引物与模板 DNA 互补的程度。理论上，只要知道任何一段模板 DNA 序列，就能按其设计互补的寡核苷酸链作为引物，利用 PCR 就可将模板 DNA 在体外大量扩增。引物的使用浓度是关系到 PCR 特异性扩增的一个重要条件，每条引物的浓度在 0.1～1μmol/L 或 10～100pmol/L，以最低引物浓度产生所需要的结果为好，引物浓度偏高会引起错配和非特异性扩增，且可增加引物之间形成二聚体的机会。

PCR 引物设计对于 PCR 反应成败非常关键。目前已有多种软件可以用于 PCR 引物设计。在设计当中应遵循以下原则：①引物长度 15～30bp，常用的为 20bp 左右；②引物扩增跨度：以 200～500bp 为宜，特定条件下可扩增长至 10kb 的片段；③引物碱基组成与分布：G+C 含量以 40%～60%为宜，上下游引物的 G+C 含量应接近；④ATGC 最好随机分布，避免 5 个以上的嘌呤或嘧啶核苷酸的成串排列；⑤避免引物内部出现二级结构；⑥避免两条引物间互补，特别是 3′端的互补，否则会形成引物二聚体，降低扩增效率；⑦引物 3′端的碱基，特别是最末及倒数第二个碱基，应严格要求配对，否则会导致 PCR 失败；⑧引物的 5′端可以有少量的碱基不配对，据此可以加上合适的酶切位点，这对分子克隆或重组子的酶切分析很有好处；⑨引物的错配：引物不应与靶标序列以外的核酸序列存在明显的碱基配对，否则会出现扩增效率降低或非特异性扩增的情况。

3. dNTP　　dNTP 的质量与浓度和 PCR 扩增效率有密切关系，dNTP 粉呈颗粒状，如保存不当易变性而失去生物学活性。dNTP 溶液呈酸性，使用时应配成高浓度后，以 1mol/L NaOH 将其 pH 调节到 7.0，小量分装，-20℃冰冻保存。多次冻融会使 dNTP 降解。在 PCR

反应中，dNTP 浓度应为 50~200μmol/L，尤其是注意四种单脱氧核苷酸的浓度要相等（等物质的量配制），如其中任何一种浓度不同于其他几种时（偏高或偏低），就会引起错配。浓度过低又会降低 PCR 产物的产量。dNTP 能与 Mg^{2+} 结合，使游离的 Mg^{2+} 浓度降低。

4. Taq DNA 聚合酶及其浓度 目前有两种 *Taq* DNA 聚合酶供应，一种是从栖热水生杆菌中提纯的天然酶，另一种为大肠杆菌合成的基因工程酶。两种酶都有依赖于聚合作用的 5′→3′外切酶活性，但均缺乏 3′→5′外切酶活性。酶的使用量应根据所购买产品的说明确定。加酶过量有可能导致非靶序列的扩增。

5. 反应缓冲液 用于 PCR 的标准缓冲液含有 50mmol/L KCl、10mmol/L Tris-HCl（pH 8.3、室温下）和 1.5mmol/L $MgCl_2$。反应液中二价阳离子的存在至关重要，其中 Mg^{2+} 优于 Mn^{2+}，而 Ca^{2+} 则无效，Mg^{2+} 的浓度对反应的特异性和扩增效率影响较大，其最佳作用浓度为 1.5mmol/L。因此，所制备的模板 DNA 中不应含有高浓度的螯合剂，如 EDTA。也不应有高浓度的负电荷离子基团，如磷酸根，制备的模板 DNA 应溶于 10mmol/L Tris-HCl（pH 7.6）。尽管标准缓冲液适用于大多数 DNA 模板，但对于特定 PCR 的最佳缓冲条件还是会随着模板、引物及反应液中的其他成分不同而有所改变，无论是应用靶序列与引物的新组合，还是 dNTP 或引物浓度有所改变时，都必须对 Mg^{2+} 的浓度进行优化。dNTP 是反应中磷酸根的主要来源，其浓度的任何变化都将影响到 Mg^{2+} 的有效浓度，这一点应特别注意。

（三）PCR 反应循环条件选择

1. 变性 在第一轮循环前，在 94℃ 下变性 5~10min 非常重要，它可使模板 DNA 完全解链，然后加入 *Taq* DNA 聚合酶，这样可减少聚合酶在低温下仍有活性从而延伸非特异性配对的引物与模板复合物所造成的错误。变性不完全，往往会使 PCR 失败，因为未完全变性的 DNA 双链会很快复性，减少 DNA 产量。一般变性温度为 94℃，时间为 1min。在变性温度下，双链 DNA 解链只需几秒钟即可完成，所耗时间主要是为使反应体系完全达到适当的温度。对于富含 GC 的序列，可适当提高变性温度。但变性温度过高或时间过长都会导致酶活性的损失。

2. 退火 引物退火的温度和所需时间的长短取决于引物的碱基组成、引物的长度、引物与模板的配对程度以及引物的浓度。实际使用的退火温度比扩增引物的 T_m 值低约 5℃。一般当引物中 GC 含量高、长度长且与模板完全配对时，应提高退火温度。退火温度越高，所得产物的特异性越高。有些反应甚至可将退火与延伸两步合并，只用两种温度（如用 60℃ 和 94℃）完成整个扩增循环，既省时间又提高了特异性。退火一般仅需数秒钟即可完成，反应中所需时间主要是为使整个反应体系达到合适的温度。通常退火温度和时间为 37~55℃，1~2min。

3. 延伸 延伸反应温度通常为 72℃，接近于 *Taq* DNA 聚合酶的最适反应温度 75℃。实际上，引物延伸在退火时即已开始，因为 *Taq* DNA 聚合酶的作用温度范围为 20~85℃。延伸反应时间的长短取决于目的序列的长度和浓度。在一般反应体系中，*Taq* DNA 聚合酶每分钟约可合成 2kb 长的 DNA。延伸时间过长会导致产物非特异性增加，但对很低浓度的目的序列，则可适当增加延伸反应的时间。一般在扩增反应完成后，都需要一步耗时较长（10~30min）的延伸反应，以获得尽可能完整的产物，这对以后进行克隆或测序反应尤为重要。

4. 循环次数 当其他参数确定之后，循环次数主要取决于 DNA 浓度。一般而言 25~30 轮循环已经足够。循环次数过多，会使 PCR 产物中非特异性产物大量增加。通常经 25~

30轮循环扩增后，反应中 Taq DNA 聚合酶已经不足，如果此时产物量仍不够，需要进一步扩增，可将扩增的 DNA 样品稀释 $10^3 \sim 10^5$ 倍作为模板，重新加入各种反应底物进行扩增，这样经 60 轮循环后，扩增水平可达 $10^9 \sim 10^{10}$。

扩增产物的量还与扩增效率有关，扩增产物的量可用下式表示：

$$C = C_0(1+P)^n \tag{3-8}$$

式中，C 是扩增产物量，C_0 是起始 DNA 量，P 是扩增效率，n 是循环次数。

在扩增后期，由于产物积累，使原来呈指数扩增的反应变成平坦的曲线，产物不再随循环数而明显上升，这称为平台效应。平台期会使原先由于错配而产生的低浓度非特异性产物继续大量扩增，达到较高水平。因此，应适当调节循环次数，在平台期前结束反应，减少非特异性产物。

三、材料、试剂及器材

（一）材料准备

不同来源的模板 DNA。

（二）试剂配制

PCR 扩增引物：根据模板序列和引物的设计要求，设计并合成特异性引物；10×PCR 反应缓冲液、25mmol/L MgCl$_2$、dNTP 混合物（每种 2.5mmol/L）、Taq DNA 聚合酶（5U/μl）、DNA Marker 等均可直接购买。1%琼脂糖；5×TBE；双蒸水等。

（三）器材

PCR 小管、移液器及吸头、琼脂糖凝胶电泳所需设备（电泳仪、电泳槽及凝胶观察设备）、DNA 扩增仪、台式高速离心机等。

四、实验步骤

（一）PCR 反应

1）取 3 个 PCR 小管，依次分别加入以下试剂（表 3-11）。

表 3-11 试剂用量

试剂	体积（μl）	试剂	体积（μl）
双蒸水	35.0	上游引物（引物1）	0.5
10×PCR 反应缓冲液	5.0	下游引物（引物2）	0.5
25mmol/L MgCl$_2$	4.0	Taq DNA 聚合酶	0.5
dNTP 混合物	4.0	模板 DNA（约 1ng）	0.5

离心 5s 混匀。

在 PCR 反应操作过程中，必须同时设立阳性和阴性对照。3 个 PCR 小管中，第一管不加模板 DNA 作为阴性对照，第二管加入待扩增模板，第三管加入阳性对照物作为阳性对照。

2）将 PCR 小管放入 PCR 扩增仪中。先 94℃变性 5min。再执行以下循环：94℃变性

1min，55℃退火 1min，72℃延伸 2min，循环 30 轮，进行 PCR。最后一轮循环结束后，于 72℃下保温 10min，使反应产物扩增充分。反应结束后 4℃保存。

（二）电泳

按照琼脂糖凝胶电泳操作程序，取 5~10μl 扩增产物用 1%琼脂糖凝胶进行电泳分析，检查反应产物的量及长度。

五、注意事项

退火以及延伸的温度和时间应该根据不同的样品而设定。

【思考题】

模板 DNA 如果大于靶标序列的长度，请问 PCR 产物大小完全相同吗？

第 11 节　大鼠肝脏中染色体 DNA 的制备与成分鉴定

DNA 是除 RNA 病毒以外的所有生物体的遗传物质和基本组成物质。真核生物 DNA 一般都和蛋白质结合在一起，以核蛋白的形式存在于细胞核。无论是大量制备 DNA，还是对 DNA 的结构与功能进行研究，都需要从生物材料中提取 DNA。

一、实验目的

掌握动物组织中染色体 DNA 制备基本原理，熟悉其技术方法、注意事项及 DNA 成分鉴定的基本方法。

二、实验原理

真核生物的 RNA 主要存在于细胞质中，而 DNA 主要以染色质的形式存在于细胞核内。它们分别与蛋白质相结合，形成核糖核蛋白及脱氧核糖核蛋白。在细胞破碎后，这两种核蛋白将混杂在一起。因此，要制备 DNA 首先要将这两种核蛋白分开。

已知这两种核蛋白在不同浓度的盐溶液中具有不同的溶解度。如在 1mol/L NaCl 的浓盐溶液中，核糖核蛋白的溶解度明显降低，而脱氧核糖核蛋白的溶解度增大，至少是在纯水中的 2 倍。如在 0.15mol/L NaCl 的稀盐溶液中，脱氧核糖核蛋白的溶解度则最小（仅约为在纯水中的 1%），核糖核蛋白的溶解度最大。根据这种特性，调整盐浓度即可把这两种核蛋白分开。因此，在细胞破碎后，用稀盐溶液反复清洗，所得沉淀即为脱氧核糖核蛋白成分。

分离得到的脱氧核糖核蛋白，用 SDS 使蛋白质成分变性，让 DNA 游离出来，再用含有异戊醇的氯仿除去变性蛋白质。最后根据核酸只溶于水而不溶于有机溶剂的特点，加入 95%的乙醇即可从除去蛋白质的溶液中把 DNA 沉淀出来，获得 DNA 产品。

对获得的 DNA 可进行以下两个方面的分析鉴定。

1) DNA 含量和纯度测定：按 200μg/ml 的浓度称取一定量 DNA，溶于 0.01mol/L NaOH 溶液或 pH8.0 TE 缓冲液中（干燥 DNA 不易溶解，应在测定前几天预先溶解）。其含量及纯度的测定可用紫外吸收法、定糖法及定磷法等方法，详见本章第 15 节。

2) 将获得的 DNA 在酸性条件下水解后，可分别对嘌呤碱、脱氧核糖及磷酸成分进行鉴定，具体原理如下。

嘌呤碱的鉴定：在碱性环境中，硝酸银与之反应，可生成灰褐色的絮状嘌呤银化合物。

磷酸的鉴定：在酸性条件下，磷酸与钼酸铵作用，可产生黄色的磷钼酸铵沉淀，磷钼酸铵在抗坏血酸存在下，可被还原成蓝色的钼蓝。

脱氧核糖的鉴定：脱氧核糖在酸性溶液中生成 ω-羟基-γ-酮基戊醛，后者与二苯胺作用生成蓝色化合物。

三、材料、试剂及器材

（一）材料与试剂准备

NaCl、柠檬酸三钠、EDTANa$_2$、SDS、乙醇、氯仿、异戊醇、Tris、浓 HCl、钼酸铵、HNO$_3$、二苯胺、冰醋酸、浓 H$_2$SO$_4$、NaOH、AgNO$_3$、粗盐、抗坏血酸等均为国产分析纯；新鲜大鼠肝脏。

（二）试剂配制

1. 二苯胺试剂　　二苯胺 1g，加 100ml 冰醋酸，混匀。再加入 2.75ml 浓 H$_2$SO$_4$，混匀即得（该试剂需使用的当日配制）。

2. 0.15mol/L NaCl-0.015mol/L pH7.0 柠檬酸三钠溶液　　8.77g NaCl 与 4.41g 柠檬酸三钠（Na$_3$C$_6$H$_5$O$_7$·2H$_2$O）溶于 800ml 蒸馏水，用 NaOH 调节 pH 至 7.0，最后定容至 1000ml。

3. 0.15mol/L NaCl-0.1mol/L EDTANa$_2$ 溶液（pH8.0）　　8.77g NaCl 和 37.2g EDTANa$_2$ 溶于约 800ml 蒸馏水中，以 NaOH 调节 pH 至 8.0，最后定容至 1000ml。

4. 钼酸铵试剂　　钼酸铵 2g，溶于 100ml 10%HNO$_3$ 溶液中，最后加入 0.53g 还原型抗坏血酸，并贮存于棕色瓶中（现用现配）。

5. 5%（m/V）SDS 溶液　　5g SDS 溶于 100ml 45%（V/V）的乙醇溶液中。

6. pH8.0 TE 缓冲液　　含 10mol/L Tris-HCl，1mol/L EDTANa$_2$（市售）。

7. 氯仿-异戊醇溶液　　按氯仿：异戊醇=24：1（V/V）配制。

8. 其他常用试剂　　95%（V/V）乙醇 1000ml、75%（V/V）乙醇 1000ml、5%H$_2$SO$_4$、2.5mol/L NaOH、0.1mol/L AgNO$_3$、冰、粗盐等。

（三）器材

玻璃匀浆器、组织捣碎机、冷冻离心机等。

四、实验步骤

（一）DNA 的提取制备

1) 用烧杯（500ml）放 1/3 体积的冰，加入少量水及约 20g 粗盐，制成冰盐水。

2）将饥饿 24h 以上的大鼠放血处死，迅速开腹取出肝脏，称取约 10g 浸入预先在冰盐水中冷却的 0.15mol/L NaCl-0.015mol/L 柠檬酸三钠溶液中。除去脂肪、血块等杂物；再用少量柠檬酸三钠溶液反复洗涤几次，直至组织块无血为止。

3）将洗净的组织剪成碎块。先加入 20ml 0.15mol/L NaCl-0.015mol/L 柠檬酸三钠溶液，放在组织捣碎机中迅速捣成匀浆，再放入玻璃匀浆器中匀浆 2～3 次，使细胞充分破碎。最后加入 0.15mol/L NaCl-0.015mol/L 柠檬酸三钠溶液至 50ml。

4）匀浆液在 4℃ 6000r/min 离心 10min，弃上清液。在沉淀中加入 4 倍体积冷的 0.15mol/L NaCl-0.015mol/L 柠檬酸三钠溶液，搅匀，按上述条件，离心，弃上清液。如此重复操作 2～3 次，尽量洗去可溶的部分（目的是什么？）。最后弃去上清液，留沉淀。

5）将沉淀物（约 5ml）悬浮于 5 倍体积的 pH8.0 的 0.15mol/L NaCl-0.1mol/L EDTANa$_2$ 溶液中，搅匀，而后边搅拌边慢慢滴加 5%SDS 溶液，直至 SDS 的最终浓度达 1%为止（应加多少毫升？），此时溶液变得十分黏稠，若不黏稠应重做。然后，加入固体 NaCl 使最终浓度达 1 mol/L。继续搅拌 30～45min，以确保 NaCl 全部溶解，此时可见溶液由黏稠变稀薄。

6）将上述混合溶液倒于一个 300ml 的带塞三角瓶中，加入等体积的氯仿-异戊醇，振荡 10min。在室温 3000r/min 离心 10min，此时可见离心液分为 3 层：上层为水溶液，中层为变性蛋白块，下层为氯仿-异戊醇。小心吸取上层水相，记录体积，放入三角瓶中，向水相中再加入等体积氯仿-异戊醇，振荡，离心，如此重复抽提 2～3 次，除净蛋白质。

7）最后 1 次离心后，小心吸取上层溶液（不要吸取下层氯仿），记录体积，放入干燥小烧杯中，用滴管加入 2 倍体积预冷的 95%乙醇。边加边用玻璃棒慢慢沿一个方向在烧杯内转动，随着 95%乙醇的不断加入，可见溶液中有透明的黏稠丝状物析出，并能缠绕于玻璃棒上，此时随着玻璃棒的持续搅动，黏稠丝状物都将缠绕到玻璃棒上，直至溶液中再无黏稠丝状物出现为止。

8）将黏稠丝状物从玻璃棒上取下，用 75%乙醇洗 2 次，置于干燥器中抽干，得到纤维状固体物质，此即为 DNA 粗品。称取重量，计算产率。

（二）DNA 成分鉴定

1. DNA 的水解　　取少量所获得的 DNA 置于试管中，加入 5ml 5%H$_2$SO$_4$，搅匀，而后用带有长玻璃管的软木塞塞紧管口，于沸水浴中煮沸 20min，即为 DNA 水解液，冷却后进行如下鉴定。

2. 磷酸成分的鉴定　　取两支试管，按表 3-12 操作。

表 3-12　磷酸成分鉴定操作表　　　　　　　　　　　　　　　　　　单位：ml

试剂	对照管	测定管
DNA 水解液	—	1
5%H$_2$SO$_4$	1	—
钼酸铵试剂	2	2

将两支试管于沸水浴中煮沸 5min，观察两管内颜色有何不同。

3. 脱氧核糖成分的鉴定　　取两支试管，按表 3-13 操作。

表 3-13　脱氧核糖成分鉴定操作表　　　　　　　　　　　　　　　单位：ml

试剂	对照管	测定管
DNA 水解液	—	1
5%H$_2$SO$_4$	1	—
二苯胺试剂	5	5

将两支试管同时放入沸水浴，10min 后观察比较两支试管内溶液颜色变化。

4. 嘌呤碱成分的鉴定　取两支试管，按表 3-14 操作。

表 3-14　嘌呤碱成分鉴定操作表　　　　　　　　　　　　　　　单位：ml

试剂	对照管	测定管
DNA 水解液	—	0.5
5%H$_2$SO$_4$	0.5	—
100g/L NaOH	0.5	0.5
0.1mol/L AgNO$_3$	0.5	0.5

加入 AgNO$_3$ 后观察有何变化，静置 15min，比较两试管内现象的变化。

（三）DNA 含量和纯度测定

按 200μg/ml 的浓度称取一定量 DNA，溶于 0.01mol/L NaOH 溶液或 pH8.0 TE 缓冲液中（干燥 DNA 不易溶解，应在测定前几天预先溶解）。

DNA 的含量及纯度可用紫外吸收法、定磷法及化学法等测定。具体操作步骤请详见第三章第 15 节。

五、注意事项

1) 虽然生物体内各部位的 DNA 是相同的，但是取材时应以含量丰富的部位为主，如动物的肝脏、血液、肾、脾、精子等。所有材料，必须新鲜，及时使用，或放入 −20℃ 冰箱或液氮冷冻保存。

2) 防止脱氧核糖核酸酶（DNase）的作用。当细胞破碎时，细胞内的 DNase 立即开始降解 DNA，必须立即采取抑制酶活性的措施。如在本实验中加入柠檬酸盐、EDTA 等螯合剂，以去除 DNase 必需的 Mg^{2+}，使 DNase 活性降低，并要求整个分离制备过程均在 4℃ 以下进行。最后加入 SDS 使所有的蛋白质（包括 DNase）变性。

3) 如果希望获得更大分子的 DNA 时，则在细胞破碎后，及时加入 SDS 使蛋白质（包括 DNase）变性，并加入蛋白酶 K，降解所有的蛋白质。

4) DNA 可在高盐浓度条件下以液体状态保存，但应防止 DNase 污染。干燥后的固体 DNA，性质稳定，可长期保存。

5) 在每一步操作过程中，均注意混匀要充分，以保证 DNA 提取效果。

【思考题】

1. 本实验以动物肝脏为材料。为什么实验前应将动物饥饿 24h 以上？

2. 为保证获得大分子 DNA，为什么操作时应避免剧烈振摇，或过大的离心力？转移吸取 DNA 时为什么不可用过细的吸头，不可猛吸猛放，更不能用细的吸头反复吹吸？

第 12 节　质粒的提取及琼脂糖凝胶电泳鉴定

质粒是一种独立存在于染色体外的稳定遗传因子，为环状双链 DNA 分子。质粒具有自主复制和转录能力，使其在子代细胞中也能保持恒定的拷贝数，并表达所携带的遗传信息。质粒可独立游离于细胞质内，也可整合到细菌染色体中，如离开宿主细胞则不能存活。细菌质粒是 DNA 重组技术中常用的载体。将某种目标基因片段重组到质粒中，构成重组基因或重组体，而后经转化技术，转入受体细胞中，使重组体中的目标基因在受体细胞中得以表达，从而产生新的物质或改变寄主细胞原有的性状。

一、实验目的

掌握碱裂解法提取质粒的方法及琼脂糖凝胶电泳鉴定质粒的方法。

二、实验原理

质粒在细菌内的复制类型可分为两类：松弛控制型和严紧控制型。松弛控制复制型质粒的复制酶系不受染色体 DNA 复制酶系的影响，所以在整个细胞生长周期中随时都可以复制，在染色体复制已经停止时质粒仍能继续复制。这类质粒在细胞内可复制多达 20 个以上的拷贝，如 ColE1 质粒就含有 20 个拷贝。而且在加入蛋白质合成抑制剂——氯霉素，细胞染色体 DNA 复制受到抑制的情况下，这类质粒仍可继续复制 12～16h，可使细胞中的质粒积累至 1000～3000 个拷贝以上。此时，质粒 DNA 的含量可达细胞 DNA 总量的 40%～50%，这是作为载体质粒的理想类型。严紧控制复制型质粒的复制酶系与染色体 DNA 复制共用，所以它只能在细胞周期的一定阶段进行复制，当细胞染色体停止复制时，质粒也就不再进行复制。所以，往往在一个细胞中只有一个或几个质粒分子。

目前使用的质粒多是按人们的需要经过人工构建而成的，它们都带有一定的抗药性标记，并具有一种或几种单切口的限制性内切酶的切点，以利于插入目标基因片段。质粒 pBR322 是最早人工构建的，并且使用最广泛的质粒，它基本上是以 pSC101 和 ColE1 为基础，又插入了一些具有特点的基因片段，如插入抗氨苄西林的基因构建而成。

分离质粒 DNA 的方法都包括 3 个基本步骤：培养细菌使质粒扩增；收集和裂解细菌；分离提取质粒 DNA（有时根据实验需要，还要求纯化质粒 DNA）。

分离质粒 DNA 的方法众多：溴化乙锭-氯化铯密度梯度离心法、质粒 DNA 释放法、煮沸裂解法、羟基磷灰石柱层析法、两相法、酸酚法及碱裂解法（又称碱变性抽提法）等。质粒 DNA 分离的依据为碱基组成的差异、分子大小不同及质粒 DNA 的超螺旋共价闭合环状结构的特点。常规方法为碱裂解法，效果良好、经济且收率较高。

碱裂解法分离质粒 DNA 是基于染色体 DNA 与质粒 DNA 的变性与复性的差异而达到分离的目的。DNA 是具有一定结构的物质，一些特殊的环境会导致 DNA 的变性，如有机溶剂、加热、尿素、极端 pH、酰胺试剂等，而适宜的环境又可以使 DNA 复性。SDS 是一种阴离子表面活性剂，它既能使细菌细胞裂解，又能使一些蛋白质变性，所以 SDS 处理细菌细胞后，会导致细菌细胞壁的破裂，从而使质粒 DNA 及基因组 DNA 从细胞中同时释放出来。释放出来的 DNA 遇到强碱性（NaOH）环境，就会变性。然后，用酸性乙酸钾来中和溶液，使溶液处于中性，质粒 DNA 将迅速复性，而基因组 DNA，由于分子巨大，难以复性。离心后，基因组 DNA 则与细胞碎片一起沉淀到离心管的底部，而变性的质粒 DNA 由于恢复到原来的构型而留在上清液中，再经酚/氯仿抽提、乙醇沉淀等步骤获得质粒 DNA。

在制备过程中，同一质粒 DNA 的分子可能呈现出 3 种构型：线性 DNA（因质粒 DNA 的两条链在同一处断裂而造成）、共价闭环 DNA（常以超螺旋形式存在）、开环 DNA（此种质粒 DNA 两条链中有一条发生一处或多处断裂）。泳动速度：线性＜开环＜共价闭环。因此利用琼脂糖凝胶电泳，能把三种不同构型的质粒 DNA 鉴别开来。共价闭环 DNA 的含量越高，制备的质粒 DNA 质量越好。

三、材料、试剂与器材

（一）材料与试剂准备

蛋白胨、酵母提取物、NaCl、NaOH、葡萄糖、EDTA、Tris、HCl、SDS、乙酸钾、冰醋酸、苯酚、8-羟基喹啉、氯仿、异戊醇、溴酚蓝、琼脂糖、蔗糖、硼酸等均为国产分析纯；携带 pBR322 质粒的大肠杆菌。

（二）试剂配制

1. 酚/氯仿（1∶1）溶液

酚的处理：将商品苯酚置 65℃水浴上缓缓加热熔化，取 200ml 熔化苯酚加入等体积的 1mol/L Tris-HCl 缓冲液（pH8.0）和 0.2g 的 8-羟基喹啉，于分液漏斗内剧烈振荡，避光静置使其分相。弃去上层水相，再用 0.1mol/L Tris-HCl 缓冲液（pH8.0）与有机相等体积混匀，充分振荡，静置分相，留取有机相。重复抽提过程，直到酚相的 pH 达到 7.8 以上。

氯仿/异戊醇混合液：将 24 份氯仿与 1 份异戊醇混合均匀。

等体积的酚和氯仿/异戊醇溶液混合。放置后，上层若出现水相，可吸出弃去。有机相置棕色瓶内低温保存。

2. LB 液体培养基 酵母提取物 5g、蛋白胨 10g 及 NaCl 10g 溶于 800ml 去离子水中，用 NaOH 调节 pH 至 7.5，加去离子水定容至 1L，高压灭菌 20min。

3. 溶液Ⅰ 4.730g 葡萄糖，0.5mol/L EDTA（pH8.0）10ml，1mol/L Tris-HCl（pH8.0）12.5ml，加双蒸水至 500ml 高压灭菌 15min，4℃贮存。

4. 溶液Ⅱ 2mol/L NaOH 1ml，10% SDS 1ml，加双蒸水至 10ml（现用现配）。

5. 溶液Ⅲ（pH4.8） 5mol/L 乙酸钾溶液 60ml、11.5ml 冰醋酸、28.5ml 蒸馏水，高压灭菌，4℃贮存。

6. 无水乙醇和 70%乙醇

7. 琼脂糖

8. TE 缓冲液 1mmol/L EDTA（pH8.0）、10mmol/L Tris-HCl 缓冲液（pH8.0）。高压灭菌，4℃贮存，临用前加入 RNase A。

9. 氨苄西林 配成 50mg/ml 的水溶液，溶液经滤器灭菌（或用无菌水配制），−20℃保存。

10. 溴化乙锭溶液 　　将溴化乙锭配制成 10mg/ml，用铝箔或黑纸包裹容器，室温放置即可。

11. 6×上样缓冲液 　　40g 蔗糖和 0.25g 溴酚蓝溶入 80ml 去离子水中并定容至 100ml。使用时，按 1∶5 与 DNA 样品混匀后，即可上样，进行电泳。

12. 5×TBE 缓冲液 　　27.5g 硼酸及 54g Tris 溶于 500ml 蒸馏水中，加入 20ml 的 0.5mol/L EDTA（pH8.0）混匀，补加蒸馏水至 1000ml，4℃贮存。

13. 0.5×TBE 工作液 　　取 5×TBE 缓冲液 10 倍稀释。

（三）器材

恒温摇床、电热恒温培养箱、冷冻离心机、台式高速离心机、超净工作台、电泳仪、电泳槽、旋涡混合器、高压灭菌锅、移液器、Eppendorf 管等。

四、实验步骤

（一）培养细菌扩增质粒

将携带 pBR322 质粒的大肠杆菌按 1%接种于 2～5ml LB 液体培养基（含 50μg/ml 氨苄西林）中，37℃振荡（200～250r/min）培养 12～16h 至对数生长期。

（二）质粒 DNA 提取

1）取 1.5ml 培养液置 Eppendorf 管内，5000～6000r/min 离心 5min，弃去上清液，保留菌体沉淀。如菌量不足可再加入培养液，重复离心，收集菌体。

2）将细菌沉淀悬浮于 100μl 预冷的溶液Ⅰ中，剧烈振荡、混匀，室温放置 5～10min。

3）加入 200μl 溶液Ⅱ（新鲜配制），盖紧管口，颠倒数次轻轻混匀，置于冰上 5min。

4）加入 150μl 预冷的溶液Ⅲ，盖紧管口，快速颠倒数次混匀，置于冰上 5～10min。

5）4℃下离心，12 000r/min，5～10min。上清液转移至另一干净的 Eppendorf 管内。

6）加入等体积的酚/氯仿（1∶1）溶液，振荡混匀，4℃下离心，12 000r/min，5min。小心吸取上层水相溶液，转移到另一干净的 Eppendorf 管中。

7）加入等体积的氯仿，振荡混匀，4℃下离心，12 000r/min，5min。小心吸取上层水相溶液，转移到另一干净的 Eppendorf 管中。

8）加入 2 倍体积的预冷无水乙醇，振荡混匀，于冰上放置 15～30min。4℃下离心，12 000r/min，10min。弃去上清液，并将 Eppendorf 管倒置在干滤纸上，使所有的液体流出。

9）加入 1ml 冷 70%乙醇，洗涤沉淀物，4℃下离心，12 000r/min，5～10min。弃去上清液，尽可能除净管壁上的液珠，室温干燥或真空干燥，即得质粒 DNA 制品。

10）将 DNA 沉淀溶于 50μl TE 缓冲液（pH8.0，含 20μg/ml RNase A），置−20℃保存，备用。

（三）鉴定

1. 琼脂糖凝胶的制备 　　称取 0.5g 琼脂糖，置于三角瓶中，加入 50ml 0.5×TBE 工作液，将该三角瓶置于微波炉加热至琼脂糖溶解。

2. 胶板的制备 　　取有机玻璃内槽，洗净、晾干；取纸胶条（宽约 1cm），将有机玻璃内槽置于一水平位置模具上，放好梳子。将冷却至65℃左右的琼脂糖凝胶液，小心地倒入有机玻璃内槽，使胶液缓慢地展开，直到在整个有机玻璃板表面形成均匀的胶层。室温下静置30min左右，待凝固完全后，轻轻拔出梳子，在胶板上即形成相互隔开的上样孔。制好胶后将铺胶的有机玻璃内槽放在含有0.5×TBE工作液的电泳槽中使用。

3. 加样　　取一支灭菌的Eppendorf管或一块洁净的载玻片，将制备的质粒DNA 20μl放入管内或放在载玻片上，加溴酚蓝-甘油 [含0.05%（m/V）溴酚蓝和50%（V/V）甘油] 20μl，混匀。用微量加样器将上述样品分别加入胶板的样品孔内。加样时应防止碰坏样品孔周围的凝胶面以及穿透凝胶底部，本实验样品孔容量15～20μl。

4. 电泳　　加完样后的凝胶板即可通电进行电泳。在80～100V的电压下电泳，当溴酚蓝移动到距离胶板下沿约1cm处时停止电泳。将凝胶放入溴化乙锭（EB）工作液（0.5μg/ml左右）中染色约20min。

5. 鉴定　　在紫外光灯下观察染色后的凝胶。不同构型的pBR322 DNA出现在不同的位置。纯的质粒DNA只有超螺旋DNA一条带。结果可用照相机拍照保留。

6. 凝胶处理　　鉴定后的凝胶应放在指定的地方，待干燥后烧毁，不能倒在垃圾桶中。接触凝胶的手应该洗净，以防溴化乙锭污染。

五、注意事项

1）溴化乙锭是诱变剂，凡是沾污溴化乙锭的器皿或物品，必须尽快清洗或弃去；配制和使用时，应戴一次性手套或乳胶手套。

2）细菌培养过程要求无菌操作。细菌培养液、配试剂用的蒸馏水、试管和Eppendorf管等有关用具和某些试剂要经高压灭菌处理。

3）用酚/氯仿混合液除去蛋白质效果比单独使用更好，为充分除去残余的蛋白质，可以进行多次抽提，直至两相间无絮状蛋白质沉淀。

4）制备质粒的过程中，除加入溶液Ⅰ后应剧烈振荡外，其余操作步骤必须缓和，以避免机械剪切力对DNA的断裂作用。

【思考题】

1. 质粒DNA的电泳图谱为什么有时有2～3条带谱，有时只有1条带谱？
2. 请说明质粒载体如pBR322所应当具备的基本特征。

第13节　利用凝胶层析技术纯化质粒DNA

质粒是基因工程中携带外源DNA进入宿主的载体。在进行质粒的酶切和连接等操作之前，往往需要对质粒进行纯化，尤其是基因治疗、基因疫苗，对质粒的纯度要求特别高，必须去除质粒DNA样品中的RNA和其他一些热原物质。大量质粒DNA的纯化往往采用凝胶层析、离子交换层析等柱层析法。

一、实验目的

学习用凝胶层析法纯化质粒 DNA 的原理和基本操作过程。

二、实验原理

葡聚糖凝胶是一种多孔的不带电荷的颗粒物质。当含有多种组分的样品溶液通过凝胶时，分子质量大的物质不能进入凝胶的网孔内，而是很快地通过凝胶间隙被洗脱出来，而分子质量小的物质则进入凝胶网孔内"绕道"通过，后被洗脱出来，这就是所谓的分子筛原理，即大分子和小分子所经过的路径长短不同，先后流出凝胶柱，达到分离目的。质粒 DNA 与 RNA 等杂质分子的大小不同，因此可以用该方法进行纯化。

三、材料与试剂

（一）材料与试剂准备

Tris、HCl、EDTA 等均为国产分析纯；碱裂解法大量制备的质粒溶液。

（二）试剂配制

洗脱液：含 0.1%SDS 的 TE 缓冲液（10mmol/L Tris-HCl，1mmol/L EDTA，pH8.0）。

（三）器材

葡聚糖凝胶（Sephadex G-25 和 G-50），1cm×10cm 的玻璃层析柱。

四、实验步骤

（一）凝胶柱的准备

凝胶型号选定后，将干胶颗粒悬浮于 5～10 倍体积的蒸馏水或洗脱液中充分溶胀，溶胀后将极细的小颗粒倾泻出去。自然溶胀费时较长，加热可使溶胀加速，即在沸水浴中将湿凝胶浆逐渐升温至接近沸腾，1～2h 即可使凝胶充分溶胀。加热法既可节省时间又可起到对凝胶的消毒作用。

将层析柱与桌面垂直固定在铁架台上，下端流出口用夹子夹紧。将凝胶轻轻搅成较稀的悬浮溶液，一次性灌入层析柱内，自然沉降，凝胶床应均匀，无"裂纹"或气泡，然后在凝胶床表面放一滤纸片。用缓冲液平衡凝胶，流速应低于层析时所需的流速。注意凝胶表面应始终有一层缓冲液。

（二）细菌裂解物的制备

一般情况下用凝胶层析法纯化质粒 DNA，都需要大量的质粒溶液，有关质粒的制备可参考上一节。

（三）纯化步骤

1）用至少两倍床体积的含 0.1%SDS 的 TE 缓冲液（pH8.0）平衡凝胶柱，加样前在平衡好的凝胶表面仅保留很薄的一层缓冲液，但不要让空气进入凝胶。

2）将质粒 DNA 溶液轻轻加到凝胶表面，上样体积一般应小于凝胶床体积的 10%。在柱子的上部连接含 0.1%SDS 的 TE 缓冲液（pH8.0）的储液瓶，进行洗脱，流速为 0.5～1.0ml/min，连续收集洗脱液，每管 0.5ml，共收集 15 管。

3）将收集的洗脱液用 0.7%琼脂糖凝胶电泳检测。

4）将上述含有质粒 DNA 的洗脱液（电泳上显示一条分子量为 2.7kb 的条带，pUC18 质粒）的各管合并，用 2 倍体积的冷乙醇沉淀（4℃，30min），然后 10 000g 离心 15min，回收沉淀的 DNA，即为纯化的质粒 DNA。

五、注意事项

1）收集洗脱液的管数与层析柱的长短、上样量等有关。层析柱越长，所需的收集管数也越多。如果用低压层析系统完成本实验，可实时监测 A_{260nm} 的值，根据洗脱峰判断质粒 DNA 的洗脱情况。

2）凝胶柱的制备需要小心，其质量将直接影响纯化的效果。另外，洗脱时的流速要适当，不能太快。

【思考题】

1. 凝胶层析法所用的层析柱一般多长？内径一般多大？长度与内径的比值应为多少？
2. 凝胶柱如长期不用，将凝胶取出保存的方法是什么？

第 14 节 大肠杆菌感受态细胞的制备及质粒的转化

转化是将异源 DNA 分子引入另一细胞品系，使受体细胞获得新的遗传性状的一种手段。限制修饰系统缺陷的变异株即不含限制性内切酶和甲基化酶的突变体（R⁻，M⁻），可作为转化的受体细胞，它可以容忍外源 DNA 分子进入体内并稳定地遗传给后代。受体细胞经过一些特殊方法的处理后，细胞膜的通透性发生了暂时性的改变，成为感受态细胞（能允许外源 DNA 分子进入）。进入受体细胞的 DNA 分子通过复制、表达，实现遗传信息的转移，使受体细胞出现新的遗传性状。将经过转化后的细胞在筛选培养基中培养，可筛选出转化体，即带有异源 DNA 分子的受体细胞。

一、实验目的

掌握氯化钙法制备大肠杆菌感受态细胞的方法及将外源质粒 DNA 转入受体菌细胞并筛选转化体的方法。

二、实验原理

感受态细胞的制备有 RbCl 法和 $CaCl_2$ 法，RbCl 法制备的感受态细胞转化率较高，但

CaCl$_2$ 法使用更广泛，因为 CaCl$_2$ 法简便易行，且其转化率完全可以满足一般实验的要求，制备出的感受态细胞暂时不用时，可加入占总体积 15% 的无菌甘油于 −70°C 保存半年左右。

本实验以 *E.coli* DH5α 菌株为受体细胞，用 CaCl$_2$ 处理，使其处于感受态，然后与质粒 pBR322 共保温实现转化。由于 pBR322 质粒带有氨苄西林抗性基因（Amp^r）和抗四环素基因（Tet^r），当用 pBR322 质粒转化某种不具备这两种抗性的受体细胞后，就实现了遗传信息的转移，转化体具有了抗四环素和抗氨苄西林的特性，这是在转化前所没有的。若将转化体细胞铺在含有四环素和氨苄西林的平板培养基上培养时，只有那些带有抗性标记的转化体才能生长成为菌落（克隆），其他非转化细菌则不能生长。此过程称为筛选，可以选出所需的转化体。转化体经进一步纯化扩增后，可将转化的质粒提取出来，进行重复转化、电泳、酶切等进一步鉴定。

三、材料、试剂与器材

（一）材料与试剂准备

蛋白胨、酵母提取物、NaCl、NaOH、琼脂、氨苄西林、四环素、CaCl$_2$ 均为国产分析纯；*E.coli* DH5α 受体菌（R$^-$、M$^-$、Amp^r、Tet^r）；pBR322 质粒。

（二）试剂配制

1. **0.1mol/L CaCl$_2$ 溶液**　　1.1g CaCl$_2$ 溶解于双蒸水并定容至 100ml，高压灭菌 20min。
2. **LB 液体培养基**　　酵母提取物 5g、蛋白胨 10g 及 NaCl 10g 溶于 800ml 去离子水中，用 NaOH 调节 pH 至 7.5，加去离子水定容至 1L，高压灭菌 20min。
3. **LB 平板培养基**　　在 LB 液体培养基中按 1.2% 的浓度加入琼脂，加热溶解，进行高压灭菌。取出后趁热在无菌条件下，倒入无菌的平皿内，每套平皿中加入 12~15ml，凝固后倒置，冰箱（4°C）保存备用。
4. **含抗生素的 LB 平板培养基**　　将配好的 LB 平板培养基高压灭菌后，冷却至 60°C 左右，加入四环素和氨苄西林储存液，使最终浓度分别为 12.5μg/ml 和 50μg/ml，摇匀后铺板。

（三）器材

Eppendorf 管、电热恒温培养箱、恒温摇床、移液器、分光光度计、冷冻离心机、台式高速离心机、超净工作台、旋涡混合器、恒温水浴锅、高压灭菌锅等。

四、实验步骤

（一）大肠杆菌感受态细胞的制备

1) 从 LB 平板上挑取新活化的 *E.coli* DH5α 单菌落，接种于 3~5ml LB 液体培养基中，37°C 振荡培养 12h 左右，直至对数生长期。将该菌悬液以 1∶100~1∶50 的比例接种于 100ml LB 液体培养基中，37°C 振荡培养 2~3h 至 A_{600}=0.5 左右。
2) 液体培养基在冰上冷却 10min，转入离心管中，4°C 下，4000r/min 离心 10min。
3) 弃去上清液，用预冷的 0.1mol/L 的 CaCl$_2$ 溶液轻轻悬浮细胞，冰上放置 15~30min。
4) 4°C 下离心，4000r/min，10min。

5）弃去上清液，加入 300μl 预冷的 0.1mol/L 的 $CaCl_2$ 溶液，轻轻悬浮细胞，冰上放置几分钟，即制成感受态细胞悬液。

6）以上制备好的细胞悬液可在冰上放置，24h 内用于转化实验，或添加冷冻保护剂（15%～20%甘油）后超低温（-70℃）冷冻贮存备用。

（二）转化

1）取 200μl 感受态细胞悬液，加入 pBR322 质粒溶液（含量不超过 50ng，体积不超过 2μl），此管为转化实验组。同时做两个对照管。具体做法见表 3-15。

表 3-15　操作步骤　　　　　　　　　　　　　　　　　　　　　　单位：μl

编号	组别	质粒 DNA	感受态细胞	无菌双蒸水	0.1mol/L $CaCl_2$ 溶液
1	转化实验组	2	100	—	—
2	受体菌对照组	—	100	2	—
3	质粒对照组	2	—	—	100

2）将以上各管轻轻摇匀，冰上放置 30min 后，42℃水浴中热冲击 2min，然后迅速置于冰上冷却 3～5min。

3）向各管中加入 100μl LB 液体培养基，使总体积约为 0.2ml，该溶液称为转化反应原液，混匀后 37℃温浴 15min 以上（欲获得更高的转化率，则此步可采用振荡培养），使细菌恢复正常生长状态，并使转化体产生抗药性（Amp^r、Tet^r）。

4）将上述培养的转化反应原液摇匀后进行梯度稀释，取适当稀释度的各样品培养液 0.1～0.2ml 涂布于含抗生素和不含抗生素的 LB 平板培养基上，正面向上放置半小时，待菌液完全被培养基吸收后倒置培养皿，37℃培养 24h 左右，当菌落生长良好，而相邻菌落尚未相互重叠时，即停止培养。若发现菌落数太多或太少时，应改变转化反应液的用量，重新涂布培养。

（三）检出转化体及计算转化率

统计每个培养皿中的菌落数，各实验组培养皿中菌落生长情况如表 3-16 所示。

表 3-16　菌落生长情况

实验组	不含抗生素培养基	含抗生素培养基	结果分析
转化实验组	有大量菌落生长	有菌落生长	质粒进入受体细胞产生抗药性
受体菌对照组	有大量菌落生长	无菌落生长	本实验未产生抗药性突变株
质粒对照组	无菌落生长	无菌落生长	质粒 DNA 不含杂菌

转化后在含抗生素的平板上长出的菌落即为转化体，根据此培养皿中的菌落数可计算出转化体总数和转化频率，公式如下：

转化体总数＝菌落数×稀释倍数×转化反应原液总体积/涂板菌液体积

转化频率＝转化子总数/加入质粒 DNA 质量

感受态细胞总数＝受菌体对照组菌落数×稀释倍数×菌液总体积/涂板菌液体积

感受态细胞转化效率＝转化体总数/感受态细胞总数

五、注意事项

1）整个操作过程均应在无菌条件下进行，所用的移液器头、离心管及试剂等最好是新的，并经高压灭菌处理，防止杂菌和杂 DNA 的污染，影响转化效率。

2）细胞生长密度以刚进入对数生长期时为好，可通过监测培养液的 A_{600nm} 来控制。DH5α 菌株的 A_{600nm} 为 0.5 时，细胞密度在 $5×10^7$ 个/ml 左右（不同的菌株情况有所不同），否则会影响转化效率。

3）不要用经过多次转接或储于 4℃ 的培养菌，最好从 -70℃ 或 -20℃ 甘油保存的菌种中直接转接用于制备感受态细胞的菌液，否则会影响转化效率。

4）所用的 $CaCl_2$ 等试剂，均需是高纯度，并保存于干燥的冷暗处，否则会影响转化效率。

5）用于转化的质粒 DNA 应主要是共价闭环 DNA（cccDNA，超螺旋 DNA）。转化效率与外源 DNA 的浓度在一定范围内成正比，但当加入的外源 DNA 的量过多或体积过大时，转化效率反而会降低。

【思考题】

实验中对照组的平板上如果长出了一些菌落，该如何解释这种现象？

第 15 节　紫外吸收法测定核酸含量

DNA 和 RNA 的基本构成单位是核苷酸，核苷酸由核糖或脱氧核糖、磷酸和含氮碱基（嘌呤碱或嘧啶碱）组成，测定三者中的任何一种成分，即可计算核酸的含量。

现有的核酸定量测定技术主要包括定糖法、定磷法、紫外吸收法三种。定糖法通过测定脱氧核糖或核糖可测出 DNA 或 RNA 的含量；定磷法可测定磷酸从而计算 DNA 或 RNA 的含量；定磷法和定糖法已不太常用，紫外吸收法是目前 DNA 和 RNA 浓度测定最常用的方法。

一、实验目的

掌握紫外吸收法测定核酸含量的原理及使用紫外分光光度计测定核酸含量的操作方法。

二、实验原理

紫外吸收是共轭双键系统所具有的性质。DNA 和 RNA 的嘌呤和嘧啶环中都含有共轭双键，能吸收紫外光，最大吸收峰在 260nm 波长处。核酸和核苷酸的摩尔吸收系数用 $\varepsilon(P)$ 表示。$\varepsilon(P)$ 为每升溶液中含有 1mol 核酸磷时的吸光度。不同形式的 DNA 紫外吸光度不同，因为 DNA 具有双螺旋结构，当过量的酸、碱或加热使 DNA 变性时，则出现 $\varepsilon(P)_{260nm}$ 值升高的增色效应现象。在核苷酸量相同的情况下，$\varepsilon(P)_{260nm}$ 有以下关系：双链 DNA＜单链 DNA＜单核苷酸。DNA 变性后，双螺旋结构被破坏，碱基充分暴露，紫外吸光度增加；RNA 的 $\varepsilon(P)$ 为 7700～7800，RNA 中磷的质量分数约为 9.5%，因此每毫升溶液中含 1.0μg RNA

的吸光度为 0.022～0.024。紫外吸收法测定核酸含量简便快速，灵敏度高，一般可检测到 3ng/L 的水平。

三、材料、试剂与器材

（一）材料与试剂准备

钼酸铵、过氯酸等均为国产分析纯；DNA 或 RNA 样品。

（二）试剂配制

钼酸铵-过氯酸沉淀剂（0.25%钼酸铵-2.5%过氯酸溶液）：将 3.6ml 70%过氯酸和 0.25g 钼酸铵溶于 96.4ml 蒸馏水中，配制成 100ml 溶液。

（三）器材

容量瓶（50ml）、紫外分光光度计、离心机、离心管等。

四、实验步骤

（一）核酸浓度的计算

取 DNA 或 RNA 样品做适当稀释，配制成 5～50μg/ml 的溶液，用紫外分光光度计测定 260nm 处的吸光度（A 值），按下式计算核酸浓度：

$$\text{DNA 的质量浓度（mg/L）} = \frac{A_{260nm}}{0.020 \times L} \times \text{稀释倍数} \qquad (3\text{-}9)$$

$$\text{RNA 的质量浓度（mg/L）} = \frac{A_{260nm}}{0.024 \times L} \times \text{稀释倍数} \qquad (3\text{-}10)$$

式中，A_{260nm} 是 260nm 波长处的吸光度；L 是比色杯的厚度（光径），一般是 1cm 或 0.5cm；0.024 是每毫升溶液内含 1.0μg RNA 的吸光度；0.020 是每毫升溶液内含 1.0μg DNA 钠盐的吸光度。

（二）核酸质量分数的计算

如果待测的核酸样品中含有酸溶性核苷酸或可透析的低聚多核苷酸，则在测定时需加钼酸铵-过氯酸沉淀剂，沉淀除去大分子核酸，测定上清液在 260nm 处的吸光度作为对照。操作如下：

取两支小离心管，A 管加入 0.5ml 样品和 0.5ml 蒸馏水，B 管加入 0.5ml 样品和 0.5ml 钼酸铵-过氯酸沉淀剂，摇匀，在冰浴中放置 30min，3000r/min 离心 10min，从 A、B 两管中分别吸取 0.4ml 上清液到两个 50ml 容量瓶内，定容至刻度。用紫外分光光度计测定 260nm 处的吸光度。

$$\text{DNA（或 RNA）的质量浓度（mg/L）} = \frac{\Delta A_{260nm}}{0.024（或0.020）\times L} \times \text{稀释倍数} \qquad (3\text{-}11)$$

式中，ΔA_{260nm} 是 A 管稀释液与 B 管稀释液在 260nm 波长处的吸光度之差。

$$\text{核酸的质量分数} = \frac{\text{待测液中测得的核酸质量（μg）}}{\text{待测液中样品的质量（μg）}} \times 100\% \qquad (3\text{-}12)$$

五、注意事项

1）DNA分子变性后会出现增色效应，在260nm波长处的吸光度值会增加，因此核酸的分离、提取、纯化过程中要注意防止核酸变性降解，以免影响测定的准确性。

2）蛋白质也能吸收紫外光，要尽量除去样品中的蛋白质。

3）DNA在260nm与280nm处的吸光度的比值为1.9左右，RNA在260nm与280nm处的吸光度的比值在2.0以上，当样品中蛋白质含量较高时该比值会下降。

【思考题】

测定核酸含量时，如果样品中混有大量的蛋白质或核苷酸等物质，是否需要处理，如何处理？

小　结

本章系统介绍了细胞色素c的制备及含量测定、羊血浆IgG的分离纯化、猪血清蛋白质聚丙烯酰胺凝胶柱状电泳、超滤法制备小牛胸腺肽、鸡卵清蛋白的分离提纯、等电聚焦电泳法测定蛋白质的等电点、SDS-聚丙烯酰胺凝胶电泳（SDS-PAGE）法测定蛋白质的分子量、聚合酶链反应（PCR）、大鼠肝脏中染色体DNA的制备与成分鉴定、质粒的提取及琼脂糖凝胶电泳鉴定、利用凝胶层析技术纯化质粒DNA、大肠杆菌感受态细胞的制备及质粒的转化、紫外吸收法测定核酸的含量等动物生物化学高级实验的实验目的、实验原理、试剂与器材、实验步骤及注意事项等。

学生应明确每个实验目的、原理、预期的结果、操作关键步骤及注意事项；实验要严肃认真地按照操作规程进行，注意观察实验中出现的现象和结果，并把实验数据和结果及时如实记录在实验记录本上，并根据实验结果进行科学分析。

第四章　动物生物化学基础实验

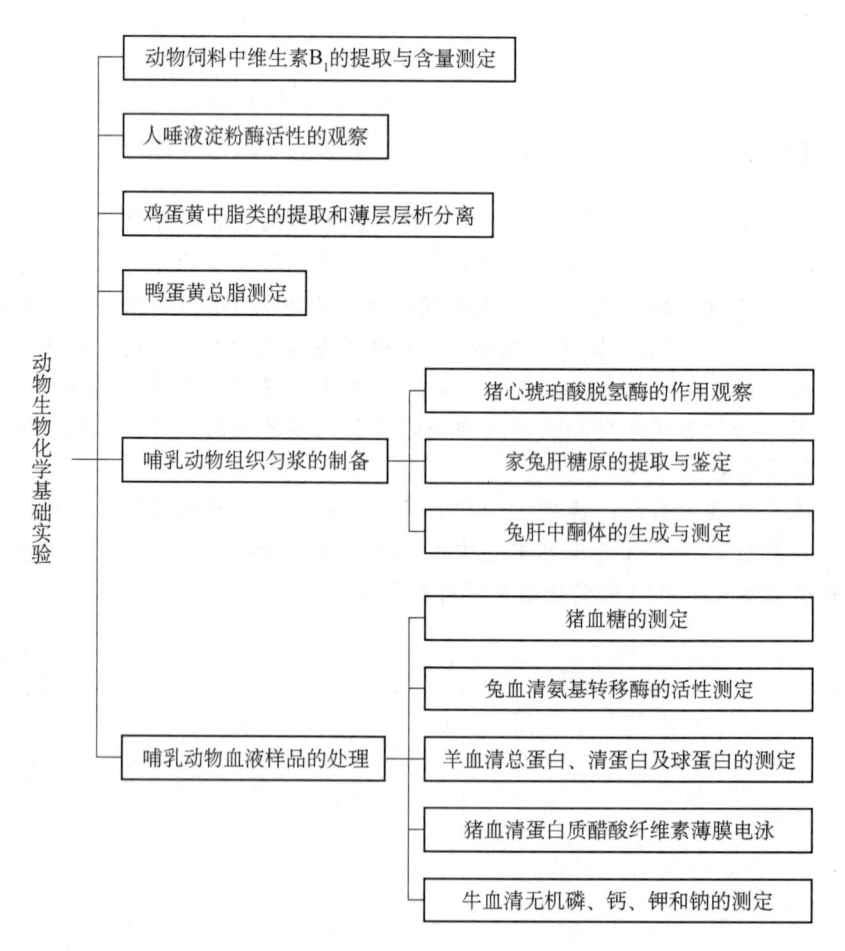

```
                              ┌── 动物饲料中维生素B₁的提取与含量测定
                              │
                              ├── 人唾液淀粉酶活性的观察
                              │
                              ├── 鸡蛋黄中脂类的提取和薄层层析分离
                              │
                              ├── 鸭蛋黄总脂测定
                              │
动物                           │                      ┌── 猪心琥珀酸脱氢酶的作用观察
生物                           │                      │
化学 ──┼── 哺乳动物组织匀浆的制备 ──┼── 家兔肝糖原的提取与鉴定
基础                           │                      │
实验                           │                      └── 兔肝中酮体的生成与测定
                              │
                              │                      ┌── 猪血糖的测定
                              │                      │
                              │                      ├── 兔血清氨基转移酶的活性测定
                              │                      │
                              └── 哺乳动物血液样品的处理 ──┼── 羊血清总蛋白、清蛋白及球蛋白的测定
                                                     │
                                                     ├── 猪血清蛋白质醋酸纤维素薄膜电泳
                                                     │
                                                     └── 牛血清无机磷、钙、钾和钠的测定
```

动物生物化学基础实验技术结合理论课所学内容相应地安排实验课，力求实验内容与理论教学内容相协调。本章系统介绍了动物维生素的提取与含量测定、唾液淀粉酶活性的观察、组织匀浆的制备、组织活性成分的测定、血液样品的处理、血液活性成分的测定及畜禽产品营养成分的测定等基础技术的原理、操作步骤及注意事项，在实验过程中可使学生的创新能力和综合素质得以提高。

第1节　动物饲料中维生素 B_1 的提取与含量测定

维生素 B_1 又名硫胺素。它在植物种子的外皮和胚芽中广泛分布，故谷类种子相关副产品如米糠、麦麸等都是维生素 B_1 的优质来源。动物缺乏维生素 B_1 会导致以多发性神经炎为主要临床特征的营养性疾病，因此动物饲料必须添加足量的维生素 B_1。

一、实验目的

掌握维生素 B_1 的提取和含量测定方法。

二、实验原理

维生素 B_1 属于水溶性维生素，故可用稀硫酸浸提。再经碱性高铁氰化钾溶液轻微氧化，可生成黄色而带有蓝色荧光的胱氨维生素 B_1（硫色素）。接着用正丁醇萃取，此时胱氨维生素 B_1 会呈现深蓝色荧光，在紫外光下尤其显著。维生素 B_1 含量与荧光的强弱成正比，可以测出低至 $0.01\mu g$ 的维生素 B_1。由于荧光分析法灵敏度高，故可用来定量测定维生素 B_1。

三、材料、试剂与器材

（一）材料与试剂准备

正丁醇、氢氧化钠、连二亚硫酸钠、高铁氰化钾、浓盐酸、浓硫酸、冰醋酸等均为国产分析纯；米糠饲料。

（二）试剂配制

1. 15%氢氧化钠溶液　　15g 氢氧化钠溶解于少量蒸馏水再定容到 100ml 即可。
2. 0.2mol/L 硫酸　　10.8ml 98%浓硫酸边搅拌边缓慢倒入约 500ml 蒸馏水中，最后定容到 1L。
3. 0.01mol/L 盐酸　　0.833ml 37%浓盐酸边搅拌边倒入适量蒸馏水中并稀释到 1L。
4. 碱性高铁氰化钾溶液　　用前配制，用 15%氢氧化钠溶液稀释 1ml 1%的碱性高铁氰化钾溶液至 15ml，避光保存，4h 内使用。
5. 维生素 B_1 标准贮存液（0.1mg/ml）　　100mg 干燥维生素 B_1 溶于 0.01mol/L 盐酸中并定容至 1000ml，0~4℃保存备用。
6. 维生素 B_1 标准应用液（0.1μg/ml）　　现用现配，用 0.01mol/L 盐酸将维生素 B_1 标准贮存液稀释 1000 倍，用冰醋酸调至 pH 4.5。

（三）器材

荧光分光光度计、试管及试管架、天平、漏斗、移液管或移液器、量筒等。

四、实验步骤

（一）维生素 B₁ 的提取

取 1g 米糠饲料置入试管中。加入 0.2mol/L 硫酸 5ml，用力振荡，充分混匀。室温放置 10min 后，用滤纸过滤，取滤液作为待测样品。

（二）维生素 B₁ 的测定

取 4 支试管编号为 1、2、3、4 号。按表 4-1 依次加入各种试剂。

表 4-1　维生素 B₁ 测定的操作步骤　　　　　　　　单位：ml

试剂	1 号试管	2 号试管	3 号试管	4 号试管
待测样品	5	5	0	0
碱性高铁氰化钾溶液	3	0	3	0
15%氢氧化钠溶液	0	3	0	3
维生素 B₁	0	0	3	3
正丁醇	10	10	10	10

向 1、2、3、4 四管中分别加入 10ml 正丁醇后，剧烈振荡 90min，使正丁醇与碱性溶液清楚分层。吸出各管下层的水相，各管有机相中加入连二亚硫酸钠 1~2g，摇匀，离心。用荧光分光光度计分别测定各管正丁醇萃取液的吸光度。激发波长 575nm，发射波长 435nm，狭缝 10nm，取样量 5ml。

（三）计算

$$维生素 B_1 的浓度（\mu g/ml）=(A-B)/(C-D)\times 0.1\times 25/V \quad (4-1)$$

式中，V 是待测样品的体积；A 是样品管（1 号试管）的吸光度；B 是样品空白管（2 号试管）的吸光度；C 是标准管（3 号试管）的吸光度；D 是标准空白管（4 号试管）的吸光度。

五、注意事项

维生素 B₁ 与蛋白质结合后也能形成硫色素，但结合形式的硫胺素不能用正丁醇提取，可用硫酸或磷酸酶水解，使其从蛋白质中释放出来。

【思考题】

怎样提高测定的精确度？影响荧光测定的重要因素有哪些？

第 2 节　人唾液淀粉酶活性的观察

酶是一种生物催化剂，具有高效性、专一性和可调性。从化学本质上看，酶可分为蛋白酶和核酸酶。动物体内绝大多数的化学反应都是在酶催化下完成的，并且酶活性的大小可决定酶促化学反应的速度。多种因素如激活剂、抑制剂、温度、pH、酶浓度及底物浓度等均会影响酶活性。酶活性的异常会影响物质代谢，引起疾病。因此，观察环境因素对酶催化活性的影响是十分重要的。

一、实验目的

了解酶的催化活性，酶的高效性和专一性；观察各种因素（如激活剂、抑制剂、pH 和温度等）对酶活性的影响。

二、实验原理

（一）酶活性的观察

酶催化特定化学反应的能力即酶活性，可通过测定酶催化的化学反应的产物或底物的变化来进行观察。

淀粉作为唾液淀粉酶的底物，在此酶的催化作用下会逐步水解，时间越长，水解程度越大，可得到各种糊精、麦芽糖及少量葡萄糖等水解产物。淀粉及其水解产物遇碘可呈不同的颜色反应，如图所示：

淀粉 ——淀粉酶——→ 糊精 ——淀粉酶——→ 麦芽糖+少量葡萄糖
加碘后：（蓝色）　　（紫红色、暗褐色或红色等）　　（棕黄色，碘本身颜色）

因此，可通过颜色反应判断淀粉的水解程度，进而通过淀粉的水解程度判定唾液淀粉酶的活性。

（二）各种因素对酶活性的影响

可用唾液淀粉酶作为材料来观察酶活性受环境因素影响的情况。激活剂、抑制剂、pH 和温度等各种因素都会影响酶的催化活性。能使酶活性达到最高的 pH 称为酶的最适 pH，唾液淀粉酶的最适 pH 是 6.8。能使酶活性达到最高的温度，称为酶的最适温度，唾液淀粉酶的最适温度是 37℃。能降低酶活性却又不使酶变性的物质称为酶的抑制剂，能增高酶活性的物质称为酶的激活剂。一般而言，使蛋白质变性的因素都会引起酶的变性而使其失去活性。

三、材料、试剂与器材

（一）材料与试剂准备

无水硫酸铜、碘化钾、碘、氯化钠、无水柠檬酸、十二水磷酸氢二钠、柠檬酸钠、碳酸钠、蔗糖、可溶性淀粉等均为国产分析纯。

（二）试剂配制

1. **1%硫酸铜溶液**　　1g 无水硫酸铜用蒸馏水溶解并稀释至 100ml。
2. **稀碘溶液**　　2g 碘化钾、1.2g 碘溶解于蒸馏水并定容至 200ml。平时保存于棕色瓶中，使用时 5 倍稀释。
3. **1%氯化钠溶液**　　1g 氯化钠用蒸馏水溶解并稀释至 100ml。

4. 不同 pH 溶液

A 液：0.1mol/L 柠檬酸溶液：19.212g 无水柠檬酸溶于蒸馏水后定容到 1000ml。
B 液：0.2mol/L 磷酸氢二钠溶液：35.62g 十二水磷酸氢二钠溶于蒸馏水后定容至 1000ml。
（1）pH 8.0 缓冲液　　取 A 液 0.55ml、B 液 19.45ml 混合而成。
（2）pH 6.8 缓冲液　　取 A 液 5.45ml、B 液 14.55ml 混合而成。
（3）pH 5.0 缓冲液　　取 A 液 9.70ml、B 液 10.3ml 混合而成。
配好缓冲液后应用酸度计验证。

5. 本尼迪克特试剂（班氏试剂）

173g 柠檬酸钠、100g 碳酸钠加热溶解于 600ml 蒸馏水，冷却，用蒸馏水稀释至 850ml。
17.4g 无水硫酸铜溶于 100ml 预热的蒸馏水中，冷却后用蒸馏水定容到 150ml。
将两种溶液混合即得班氏试剂。

6. 0.5%蔗糖溶液　　0.5g 蔗糖溶于蒸馏水并定容至 100ml。

7. 0.5%淀粉溶液

要求新鲜配制。在研钵中，加入少量预冷的蒸馏水和 0.5g 可溶性淀粉，调成糊状，接着慢慢倒入约 90ml 沸水，并不断搅拌，最后加水定容为 100ml 即成。

（三）器材

电炉、白瓷板（或比色板）、制冰机、恒温水浴锅等。

四、实验步骤

（一）唾液淀粉酶的制备

1）每位学生拿一个洁净的饮水杯，装上蒸馏水。
2）用蒸馏水漱口 1~2 次，清除干净口腔内的食物残渣。
3）口含约 20ml 蒸馏水，咀嚼 1~2min，将口腔中的唾液吐入一个干净的小烧杯中。

（二）温度对酶活性的影响

1）取 3 支试管，按表 4-2 进行实验。

表 4-2　温度对酶活性影响的操作步骤　　　　　　　单位：ml

试剂	1 号试管	2 号试管	3 号试管
0.5%淀粉溶液	5	5	5
pH6.8 缓冲液	0.5	0.5	0.5
稀释唾液	0.5	0.5	0.5
不同温度	置冰水浴中	置 37℃水浴中	置沸水浴中

将各管中的试剂加好后混匀，置于上述温度中进行处理。
2）在干净的比色板的各孔穴中分别滴加碘液 1 滴。
3）每隔 1min 从 2 号试管中取 1 滴反应液，滴入比色板孔穴，观察它与碘液的颜色反应。
4）待 2 号试管中的反应液与碘液不再发生颜色变化时，取出所有试管，直接向各试管中滴加碘液 1~2 滴。
混匀后观察并记录各管颜色，分析各管中淀粉水解的程度，探讨温度对酶活性的影响。

（三）pH 对酶活性的影响

1）取 3 支试管，按表 4-3 编号后进行实验。

表 4-3　pH 对酶活性影响的操作步骤　　　　　　　　　　　　　　单位：ml

试剂	1 号试管	2 号试管	3 号试管
0.5%淀粉溶液	2	2	2
pH5.0 缓冲液	2	—	—
pH6.8 缓冲液	—	2	—
pH8.0 缓冲液	—	—	2
稀释唾液（滴）	10	10	10

摇匀后，将各管保温于 37℃水浴中。

2）每隔 1min 从 2 号试管中取 1 滴反应液，滴入比色板孔穴，观察它与碘液的颜色反应。

3）待颜色呈棕色时，直接向各试管中滴加碘液 1~2 滴。观察各管颜色，比较各管中淀粉水解的程度，分析不同 pH 对酶活性的影响。

（四）激活剂与抑制剂对酶作用的影响

1）取 3 支试管，按表 4-4 编号后进行实验。

表 4-4　激活剂与抑制剂对酶作用影响的操作步骤　　　　　　　　单位：ml

试剂	1 号试管	2 号试管	3 号试管
0.5%淀粉溶液	3	3	3
pH6.8 缓冲液	0.5	0.5	0.5
1%氯化钠溶液	—	1	—
1%硫酸铜溶液	—	—	1
蒸馏水	1	—	—
稀释唾液	1	1	1

2）摇匀各管，放入 37℃水浴锅中。

3）每隔 1min 从 1 号试管中取出 1 滴反应液，滴入比色板孔穴，观察它与碘液的颜色反应。

4）待加碘后颜色呈棕色时，取出 3 支试管，分别加入稀碘液 1~2 滴。观察、比较各管颜色的深浅，分析激活剂与抑制剂对酶活性的影响。

（五）酶反应的特异性

1）取 2 支试管，按表 4-5 编号后进行实验。

表 4-5　酶反应特异性的操作步骤　　　　　　　　　　　　　　　单位：ml

试剂	1 号试管	2 号试管
0.5%淀粉溶液	2	—
0.5%蔗糖溶液	—	2
稀释唾液	1	1

2）摇匀后，将各管置于 37℃水浴中水浴 10min。
3）取出试管，分别加入 2ml 班氏试剂，混匀。
4）将各管置于沸水浴中煮沸 2～5min。观察并解释之。

五、注意事项

1）在试管中加入碘液进行颜色反应时，先加入 1 滴，观察颜色变化，如不明显，再滴加第 2 滴碘液，继续观察，切忌一次性加入大量碘液。且最好加 1～2 滴，各管用量一样。
2）唾液淀粉酶可以用纱布或滤纸过滤一下后使用。
3）加唾液时应从第 1 管开始依次进行，前后管之间相隔时间 5～7s。
4）加入试剂时，应注意加入顺序，应先加底物，最后加酶。加入酶后，操作要迅速，否则可能由于淀粉酶活性较高，看不到整个变色过程。
5）加入各种试剂后，要混匀，否则有可能看不到正确的结果。

【思考题】

1. 在温度对酶活性影响的实验中，沸水浴处理的试管进行颜色反应后，再用冷水冷却，会出现什么变化？原因是什么？
2. 制备唾液淀粉酶时，口含蒸馏水，为什么要咀嚼 1～2min？

第 3 节　鸡蛋黄中脂类的提取和薄层层析分离

生物体内含有三酰甘油、胆固醇、脂肪酸、磷脂等多种脂类成分。脂类具有提供能量、参与信号转导、构建生物膜等广泛的生物学功能。从生物组织、细胞中提取这些脂类成分，并进一步用气相层析、薄层层析等方法进行定性、定量研究，具有重要的实际应用价值，有利于认识它们在体内的功能。

一、实验目的

掌握从组织中萃取主要脂类组分的原理和基本过程；了解硅胶 G 薄层层析的原理及相关的基本操作技术。

二、实验原理

硅胶 G 薄层层析属于吸附层析，对不同的脂类成分吸附能力不同。本实验采用甲醇、乙酸、氯仿和水的混合溶液为层析的流动相，硅胶 G 为固定相，分离后的脂类成分用碘进行显色。

生物组织中的脂类成分大多与蛋白质结合成疏松的复合物，所用的脂类抽提液必须包含亲水性成分并具有形成氢键的能力，如本节所用的氯仿-甲醇（2∶1，V/V）混合液。用此抽提液能获得脂类混合物，可进一步用硅胶 G 薄层层析进行脂类组分的分离。

三、材料、试剂与器材

（一）材料与试剂准备

碘、无水硫酸钠、氯仿、甲醇、乙酸、硅胶 G（200 目）等均为国产分析纯；鸡蛋等。

（二）试剂配制

1. **展层液**　　氯仿：甲醇：乙酸：水=170：30：20：7（V/V）。
2. **抽提液**　　氯仿-甲醇（2：1，V/V）。

（三）器材

冷热两用电吹风、玻璃毛细管、喷雾器、层析缸等。

四、实验步骤

（一）脂类的提取

称取 1~2g 煮熟的鸡蛋黄，在研钵中磨碎后转移到有盖的刻度试管中，加入 5 倍体积的抽提液（每克鸡蛋黄的体积按 1ml 计算），在保持搅匀状态下提取 10min。然后用滤纸过滤到刻度试管中，并加入 1/2 倍体积的蒸馏水，振荡后静置分层。吸去上层水相，下层有机相继续同上水洗 3 次，有机相中最后再加入足够量的固体无水硫酸钠，以吸收残留的水分，使溶液呈现透明状态。

（二）硅胶 G 板的准备

称取约 2g 硅胶 G 粉置于研钵中，加约 6ml 水，研磨均匀，用玻璃棒引流到约 15cm×5cm 洁净玻璃板上，晃动玻璃板，使之均匀分散在玻璃板上，水平放置，自然干燥，在烘箱中于 110℃ 条件下活化 30min，自然冷却，保存于干燥器中备用。

（三）点样

在烘干活化的硅胶薄层板上，吸取 10μl 上述鸡蛋黄提取液，在距离底边 2cm 处点样并吹干，点样直径应小于 3mm，可点样 1~2 次。

（四）展层

水平放置层析缸，加入深度约为 5mm 的展层液。点样后的硅胶板点样端朝下置于展层液中，开始展层。当展层液前沿距离起点约 10cm 时，取出硅胶板，在板上标记出展层液的前沿位置，接着用热风吹干。

（五）显色

在预先放置碘粒的干燥层析缸中，斜放入干燥的硅胶板，密闭几分钟后，硅胶板上分离的脂类组分被碘蒸气染成黄色斑点。

测量各种脂类组分的迁移距离，计算相对迁移率：

$$R_f = \frac{被分离物质的斑点中心到点样线的垂直距离}{展层溶剂前沿到点样线的垂直距离} \quad (4\text{-}2)$$

蛋黄中几种脂类组分的 R_f 值大约分别为：三酰甘油（0.93）、脑磷脂（0.65）、胆固醇（0.75～0.76）、卵磷脂（0.35）。

五、注意事项

1）不同品种鸡的蛋黄中提取的脂类组分可能存在一些差异。
2）称量硅胶 G 粉时，应防止吸入粉尘。
3）随层析条件的变动，脂类组分在硅胶 G 薄层层析时的 R_f 值会有所变动。
4）由于展层剂中含有机溶剂，因此展层时应在通风橱中进行。

【思考题】

1. 实验中为什么磷脂的 R_f 值明显低于三酰甘油？
2. 抽提时，加入固体无水硫酸钠时，应逐步加入，若加入过量该怎么处理？

第 4 节　鸭蛋黄总脂测定

总脂是脂类的总和，包括甘油三酯、胆固醇、磷脂及其酯和游离脂肪酸。蛋黄中的脂类十分丰富，占 30%～33%，其中磷脂类约占 10%，甘油三酯为 20% 左右，胆固醇占少量。蛋黄中的脂类主要以脂蛋白的形式存在，低密度脂蛋白所含脂类占蛋黄总脂类的 95%，包含 3% 的磷脂和 66% 的中性脂类（其中胆固醇占 4%）。动物的年龄、品种、性别、营养状况的变化和出现病理情况下会影响脂类的含量，因此在临床上，脂类水平是检测相关疾病的重要指标。

饱和脂类与不饱和脂类的比例约为 3∶7，且不饱和脂类比饱和脂类呈色强，因此香草醛法测定的主要是不饱和脂类的含量。比色法既简便，又较准确，而且本实验中采用胆固醇作标准的测定法，与总脂测定的其他方法如称量法和比浊法相比，其结果更接近实际情况，所以目前多用此法进行总脂的测定。

一、实验目的

了解正常动物总脂的含量；掌握香草醛法测定总脂的原理与方法。

二、实验原理

脂类，尤其是不饱和脂类可与浓硫酸作用，并经水解后生成碳正离子。显色剂中香草醛与浓硫酸的羟基作用，生成芳香族的磷酸酯，由于改变了香草醛分子中的电子分配，使醛基变成活泼的羰基，此羰基即与碳正离子起反应，生成玫瑰红色的醌化合物。醌化合物的量与碳正离子成正比。

三、材料、试剂与器材

（一）材料与试剂准备

浓磷酸（含量85%以上，相对密度1.71）、浓硫酸（含量95%以上，相对密度1.84）、香草醛、胆固醇、无水乙醇等均为国产分析纯；鸭蛋黄。

（二）试剂配制

1. 稀释蛋黄液 鸭蛋黄用生理盐水稀释80倍。

2. 显色剂 200ml 0.6%的香草醛水溶液中，加入800ml浓磷酸。贮存于棕色瓶中可保存6个月。

3. 胆固醇标准液（6mg/ml） 600mg纯胆固醇溶于无水乙醇并定容至100ml。

（三）器材

可见光分光光度计、37℃水浴箱、100℃水浴箱等。

四、实验步骤

（一）测定

取3支洁净试管，按表4-6操作。

表4-6　总脂测定的操作步骤　　　　　　　　　　　　　　　　单位：ml

试剂	空白管	标准管	测定管
稀释蛋黄液	—	—	0.02
胆固醇标准液	—	0.02	—
浓硫酸	1.0	1.0	1.0
充分混匀，沸水浴10min，使脂类水解，冷水冷却			
显色剂	4.0	4.0	4.0

用玻璃棒充分搅匀，37℃保温15min（或室温放置20min）后，在525nm波长处或用绿色滤光板比色，空白管调零，分别读取各管吸光度。

（二）计算

按式（4-3）计算蛋黄总脂含量。

蛋黄总脂（mg/100ml）=

$$\frac{\text{测定管吸光度}}{\text{标准管吸光度}} \times 0.12 \times \frac{100}{0.02} \times 80 = \frac{\text{测定管吸光度}}{\text{标准管吸光度}} \times 48\,000 \qquad (4\text{-}3)$$

式中，0.12=6×0.02（6是胆固醇标准液浓度，0.02是标准管用量）；0.02是测定管用量；80是鸭蛋黄的稀释倍数。

五、注意事项

1）香草醛法亦可用于测定血清总脂的含量。

2）用玻璃棒搅匀试管时，注意防止玻璃棒向下戳破试管底部。

3）本实验需用硫酸和磷酸均是浓酸，黏稠度大，取用时吸管内试剂要慢放。避免因操作过快试剂附着于管壁过多而造成误差。

4）浓硫酸具有强腐蚀性，使用时应注意安全。

5）显色后，应在 2h 内完成吸光度的测定。

6）流水冷却时，应防止水进入试管内部，影响实验结果。同理，比色时，不要用蒸馏水洗比色杯，而要用试管中的原液润洗比色杯。

7）取稀释蛋黄液之前，应先混匀，否则会导致结果偏低。

8）加入浓硫酸后，需马上混匀，否则颜色会很深。

【思考题】

如果用香草醛法分别测定蛋清和蛋黄的总脂含量，在测定之前该怎样处理实验材料？

第 5 节　哺乳动物组织匀浆的制备

组织匀浆系指将动物组织细胞在适当的缓冲液中研磨，使细胞膜被破坏，细胞内容物悬浮于缓冲液中形成的混悬液。匀浆会破坏细胞膜，把反应基质释放到匀浆中，基质可以不受细胞质膜通透性的限制，直接与酶发生作用。此时所测得的产物生成量或基质消耗量即能代表该基质在酶作用下的转变量，从中可反映出组织或酶的代谢活性。另外，细胞中各种成分如蛋白质、DNA 和 RNA 等也需要破碎细胞做成组织匀浆后才能进行分离和提取。由此可见，制备组织匀浆是生物化学实验中重要的操作之一。

一、实验目的

学习组织匀浆的制备方法；加强生物化学实验基本训练。

二、实验原理

在低温下，将动物组织样本与缓冲溶混合，通过研磨或高速搅拌的方式，将组织细胞破碎并均匀分散在溶液中。在匀浆过程中，一般使用中等离子强度、中性 pH（如 0.05～1.0mol/L 磷酸盐或 Tris-HCl，pH7.0～7.5）缓冲液来保护组织与细胞的结构和功能，同时保证匀浆的均一性和稳定性。

三、材料、试剂与器材

（一）材料与试剂准备

Tris、浓盐酸等均为国产分析纯；哺乳动物组织。

（二）试剂配制

匀浆缓冲液［50mmol/L Tris-HCl（pH 7.5）］：6.057g Tris 溶解于 800ml 去离子水，再用浓盐酸调节 pH 到 7.5，接着再定容到 1L 即可。

（三）器材

切刀、剪刀、绞肉机、匀浆器、纱布、过滤漏斗等。

四、实验步骤

（一）组织样本的处理

从哺乳动物中获得 0.2～1.0g 新鲜离体的组织，用冷盐水洗去血污，剪除结缔组织和脂类。

（二）组织细胞的破碎

用切刀把组织切成边长约 1cm 的小方块。

（三）破碎组织的匀浆

在匀浆器轴的中空部要放入冰盐溶液，匀浆器外套管也应用冰盐溶液冷却。将破碎组织加入 3～4 倍体积的预冷的匀浆缓冲液中，然后转移到匀浆器外套管内，用匀浆器轴顺一个方向一边转动一边用力下压，直至压到底。然后提起匀浆器轴，再一次研磨，如此反复几次即制成匀浆。

（四）匀浆液的过滤

过滤漏斗中加一层玻璃棉（或铺两层纱布），倒入匀浆液，过滤，除去漂浮在表面的脂类物质。小心地拧纱布，得到粗提液。

（五）匀浆液的保存

将组织匀浆液保存在低温冰箱或液氮中，以便后续实验的使用。

五、注意事项

1）不同组织匀浆制作过程并不完全相同。

2）在一般情况下，匀浆缓冲液中没有必要加入蛋白酶抑制剂。如果蛋白酶水解有碍于实验，可以在匀浆缓冲液中加入蛋白酶抑制剂。假如蛋白质活性被重金属抑制，或是蛋白质易于被氧化，则应在提取缓冲液中加入乙二胺四乙酸或二硫苏糖醇或 β-巯基乙醇。

【思考题】

制作组织匀浆应注意什么？

第6节　猪心琥珀酸脱氢酶的作用观察

琥珀酸脱氢酶是位于动物细胞线粒体内膜上的一种氧化酶，是 $FADH_2$ 呼吸链的标志酶。它直接与电子传递链相连，催化琥珀酸脱氢，脱下的氢再传递给辅酶 Q。琥珀酸脱氢酶活性的高低反映出机体细胞能量代谢状况及细胞呼吸功能状况。琥珀酸脱氢酶不仅在机体不同组织的分布及活性不同，而且在同一组织的不同生理状态下，它的活性、含量也会发生改变。在生产实践中，琥珀酸脱氢酶活性的检测可用于牛奶等级评定。

一、实验目的

掌握琥珀酸脱氢酶的催化作用及其意义；掌握酶的竞争性抑制作用及其特点。

二、实验原理

琥珀酸脱氢酶是柠檬酸循环中一个重要的限速酶。它可催化琥珀酸脱氢而生成延胡索酸，脱下的氢通过 $FADH_2$ 呼吸链，最后传递给氧而生成水。在缺氧的情况下，心肌细胞中的琥珀酸脱氢酶可催化琥珀酸脱氢成为延胡索酸，而脱下的氢可将蓝色的亚甲蓝还原成无色的甲烯白。从蓝色到无色的褪色过程，可推断出琥珀酸脱氢酶起到了催化作用。

丙二酸作为琥珀酸脱氢酶的竞争性抑制剂，因为其化学结构与琥珀酸相似，所以可与琥珀酸竞争性地结合琥珀酸脱氢酶的活性中心。若琥珀酸脱氢酶已与丙二酸结合，则不能再催化琥珀酸脱氢，此即为酶的竞争性抑制作用。加大底物的浓度可消除酶的竞争性抑制作用，如增加琥珀酸的浓度可减弱甚至消除丙二酸的抑制作用。

三、材料、试剂与器材

（一）材料与试剂准备

丙二酸钠、二水磷酸氢二钠、亚甲蓝、琥珀酸钠、液体石蜡等均为国产分析纯；石英砂；新鲜的猪心脏。

（二）试剂配制

1. **液体石蜡**
2. **1%丙二酸钠溶液**　　1g 丙二酸钠用蒸馏水溶解并定容至 100ml。
3. **1/15mol/L 磷酸氢二钠溶液**　　11.8g 二水磷酸氢二钠溶解于蒸馏水并稀释到 1000ml。
4. **0.02%亚甲蓝溶液**　　20mg 亚甲蓝溶解于蒸馏水并定容到 100ml。
5. **1.5%琥珀酸钠溶液**　　1.5g 琥珀酸钠用蒸馏水溶解并稀释至 100ml。

（三）器材

洗净的石英砂、剪刀、天平、离心管、离心机、研钵、恒温水浴箱等。

四、实验步骤

（一）琥珀酸脱氢酶溶液的制备

取 1g 新鲜的猪心脏组织，洗掉表面的血污，剪掉表面的脂肪组织，置于研钵中，尽量剪碎，加入 1/15mol/L 磷酸氢二钠溶液 3～4ml 和等体积的石英砂，研磨成匀浆，再加入 1/15mol/L 磷酸氢二钠溶液 6～7ml，不时地摇动 30min，然后以 2000r/min 离心 10min，取上清液备用。

（二）琥珀酸脱氢酶酶促化学反应观察

取 4 支试管，按照表 4-7 操作。

表 4-7 琥珀酸脱氢酶酶促化学反应观察的操作步骤　　　　　　　　　　单位：滴

试管号	心脏提取液	1.5%琥珀酸钠溶液	1%丙二酸钠溶液	蒸馏水	0.02%亚甲蓝溶液
1	5	5	—	25	2
2	5（煮沸）	5	—	25	2
3	10	5	5	15	2
4	10	20	5	—	2

加好试剂后，各试管混匀，马上在各试管的液面上缓缓地滴加一层高 1～1.5cm 的液体石蜡；然后置于 37℃恒温水浴，观察各管颜色变化快慢及程度，记录现象并解释之。再将第 1 支试管使劲摇动，观察有何变化，分析其原因。

五、注意事项

1）因为甲烯白容易被空气中氧气所氧化，所以为了制造无氧环境，本实验用液体石蜡封闭反应液。但在这之前，一定要将试管中的反应液充分混匀。在这之后，观察实验现象的过程中，切忌摇晃试管，防止氧气进入而影响管内溶液的颜色变化。

2）要使琥珀酸脱氢酶从细胞线粒体内释放出来，一定要将心脏组织充分研磨成匀浆。加入 1/15mol/L 磷酸氢二钠溶液后，一定要不时地摇动。

3）制备酶液时，磷酸氢二钠溶液先不要加入过多，否则不好研磨，但不加，会产生过多热量（摩擦生热），使酶变性。

4）加入液体石蜡时，应把试管稍加倾斜，沿试管内壁加入，盖上一薄层即可，用量太多，试管会难以洗净。

【思考题】

当第 1 支试管内溶液由蓝色变成无色时，用力摇动试管，有何变化？分析其原因。

第 7 节　家兔肝糖原的提取与鉴定

糖原即动物淀粉，是由 α-D-葡萄糖聚合而成的一种多糖类高分子化合物。糖原是动物体内糖的储存形式，主要存在于动物的肝脏和骨骼肌中，分别称为肝糖原和肌糖原，且肌糖原总量要比肝糖原大。虽然肝糖原储存量不多，但是肝糖原的合成和分解对动物维持血糖浓度的恒定起到极其重要的作用。因此，测定动物肝脏中的糖原含量的变化，对于评价机体能量代谢情况，以及研究糖代谢疾病具有重要的实际应用价值。

一、实验目的

掌握肝糖原提取、鉴定的原理与方法；掌握动物体内糖原的结构、性质及作用；熟悉离心机的工作原理，掌握离心机的操作流程。

二、实验原理

取糖原含量较高的饱食家兔的肝脏组织，利用三氯乙酸失活所取肝组织中的酶、沉淀蛋白质，而肝糖原则留在溶液中；离心除去沉淀，上清液中加入乙醇后，乙醇可降低水溶液的介电常数，使糖原脱水沉淀。

糖原中葡萄糖长链形成的螺旋，可依靠分子间引力吸附碘分子，故糖原遇碘-碘化钾溶液呈红色。糖原本身无还原性，但糖原被酸水解后，会生成有还原性的葡萄糖。班氏试剂可氧化葡萄糖，生成砖红色的氧化亚铜沉淀。因此，可用呈色反应及葡萄糖的还原性来鉴定所提取的肝糖原。

三、材料、试剂与器材

（一）材料与试剂准备

无水碳酸钠、柠檬酸钠、硫酸铜、三氯乙酸、氢氧化钠、无水乙醇、碘化钾、碘、浓盐酸等均为国产分析纯；饱食家兔的肝脏组织。

（二）试剂配制

1. **浓盐酸**
2. **班氏试剂**　100g 无水碳酸钠和 173g 柠檬酸钠溶于 700ml 温蒸馏水中；17.3g 硫酸铜溶于 100ml 温蒸馏水中，等冷却后，一边不断搅拌，一边将硫酸铜溶液缓缓加到柠檬酸钠和碳酸钠的混合溶液内，最后用蒸馏水稀释至 1000ml。
3. **5%三氯乙酸溶液**　5g 三氯乙酸用蒸馏水溶解后稀释到 100ml。
4. **10%三氯乙酸溶液**　10g 三氯乙酸用蒸馏水溶解后稀释到 100ml。
5. **20%氢氧化钠溶液**　20g 氢氧化钠用蒸馏水溶解后稀释到 100ml。
6. **95%乙醇**　95ml 无水乙醇加蒸馏水稀释到 100ml。

7. **碘-碘化钾溶液**　2g 碘化钾和 1g 碘用 500ml 蒸馏水溶解即得。

（三）器材

洗净的石英砂、pH 试纸、研钵、离心管、离心机、比色板、天平等。

四、实验步骤

（一）肝糖原的提取

1. **肝脏的初处理**　饱食的家兔放血致死，马上取出肝脏，用滤纸吸去黏着的血液，并立即浸入 10%三氯乙酸溶液中 5~10min。

2. **肝组织的研磨与离心**　取 1g 左右的肝组织、1ml 10%三氯乙酸溶液及少许洗净的石英砂放入研钵中，研磨 2min 后，再加入 2ml 5%三氯乙酸溶液，继续研磨成肉糜状，将肝组织糜移入离心管，2500r/min 离心 10min 后，测量上清液的体积。

3. **肝糖原溶液的制备**　将上清液转移到另一离心管中，加入等体积 95%乙醇，混匀后静置 10min，此时可见糖原呈絮状析出，2500r/min 离心 10min，弃去上清液，随后向此离心管中加入蒸馏水 1ml，用玻璃棒搅拌均匀，即得肝糖原溶液。

（二）肝糖原的鉴定

1. **糖原与碘-碘化钾溶液的呈色反应**　在比色板的一个凹槽内滴加 3 滴蒸馏水，一个凹槽内滴加 3 滴肝糖原溶液，然后各加 1 滴碘-碘化钾溶液，摇晃比色板，充分显色，比较两凹槽内溶液的颜色。

2. **糖原水解液与班氏试剂的反应**　将剩余的肝糖原溶液转移至 1 支试管中，加 3 滴浓盐酸，混匀后，沸水浴 10min；冷却后，滴加 20%氢氧化钠溶液，使其酸碱度呈中性；接着，在上述溶液中加 2ml 班氏试剂，再沸水浴 5min，使其生成沉淀。

五、注意事项

1）20%氢氧化钠溶液中和糖原水解液至中性时，为了防止所加氢氧化钠溶液过量，导致 pH 过大，影响实验结果，氢氧化钠溶液要边滴加、边摇匀、边用 pH 试纸检测。

2）实验动物在饥饿时肝糖原的含量显著降低，会导致实验结果不明显，所以动物在实验前必须饱食。

3）因为离体肝脏的肝糖原会迅速分解，且三氯乙酸能使糖原分解的相关酶失活，所以必须迅速用三氯乙酸溶液处理所得肝脏。

【思考题】

1. 用 20%氢氧化钠溶液中和糖原水解液时，如果加的氢氧化钠溶液过量，pH 为 10~11，随后加入班氏试剂 2ml，置于沸水浴中加热 5min，请问会出现什么现象？

2. 请分析未提取到糖原的原因。

第8节　兔肝中酮体的生成与测定

酮体为脂肪酸在肝脏中氧化分解时产生的正常中间代谢物，包括乙酰乙酸、β-羟丁酸和丙酮等。肝脏的生酮作用可防止血糖降低、增强脂肪酸的分解供能。肝脏生成的酮体必须运到心肌、大脑及骨骼肌等肝外组织去利用。生理状态下，酮体的产生和利用处于动态平衡中，血中酮体很少。如酮体失衡，易引起酮症，引起机体酸碱平衡失调，造成代谢性酸中毒。所以，测定肝脏酮体水平的变化具有重要的临床价值。

一、实验目的

了解酮体产生的原因、生理作用和酮症的危害；掌握酮体测定方法的原理、操作步骤及注意事项。

二、实验原理

酮体是指脂肪酸β氧化过程中产生的乙酰乙酸、β-羟丁酸和丙酮等三种成分，一般酮体的检测只测定总量或其中的一种。本实验用丁酸作底物，将其与新鲜的肝匀浆一起保温后，再测定其中丙酮的生成量。本实验用碘滴定法测定丙酮。

在碱性溶液中，碘可将丙酮氧化为碘仿，有关的反应式如下：

$$2NaOH + I_2 \rightleftharpoons NaOI + NaI + H_2O$$

$$CH_3COCH_3 + 3NaOI \rightleftharpoons CHI_3 + CH_3COONa + 2NaOH$$

然后用硫代硫酸钠滴定反应中剩余的碘，计算出所消耗的碘量，再根据滴定对照与滴定样品所消耗的硫代硫酸钠溶液体积之差，推算出丁酸氧化生成丙酮的量。反应如下：

$$NaOI + NaI + 2HCl \rightleftharpoons I_2 + 2NaCl + H_2O$$

$$I_2 + 2Na_2S_2O_3 \rightleftharpoons Na_2S_4O_6 + 2NaI$$

三、材料、试剂与器材

（一）材料与试剂准备

碘化钾、碘、氢氧化钠、碘酸钾、正丁酸、浓盐酸、五水硫代硫酸钠、可溶性淀粉、三氯乙酸、磷酸二氢钾、二水磷酸氢二钠、氯化钠等均为国产分析纯；新鲜家兔肝脏。

（二）试剂配制

1. **0.1mol/L 碘液**　　40g 碘化钾、13g 碘和少量蒸馏水置于研钵中，研磨至溶解。用蒸馏水定容到 1000ml，保存于棕色瓶中。可用标准硫代硫酸钠溶液标定其浓度。
2. **10% 氢氧化钠溶液**　　10g 氢氧化钠用蒸馏水溶解并定容至 100ml。
3. **0.1mol/L 碘酸钾溶液**　　5.35g 干燥的碘酸钾用蒸馏水溶解并稀释到 250ml。
4. **0.5mol/L 正丁酸溶液**　　44.0g 正丁酸用 0.1mol/L 氢氧化钠溶液溶解并定容到 1000ml。

5. **10%盐酸溶液**　　10ml 浓盐酸用蒸馏水稀释到 100ml。

6. **0.1mol/L 硫代硫酸钠溶液**　　25g 五水硫代硫酸钠溶解于适量煮沸的蒸馏水中，再继续煮沸 5min。冷却后，用冷却的已煮沸过的蒸馏水定容到 1000ml。可用 0.1mol/L 碘酸钾溶液标定其浓度。

7. **0.1%淀粉溶液**　　0.1g 可溶性淀粉和少量预冷的蒸馏水置于研钵中。将淀粉调成糊状。接着缓缓倒入煮沸的蒸馏水 90ml，搅匀，加入蒸馏水定容至 100ml。现配现用。

8. **20%三氯乙酸溶液**　　20g 三氯乙酸用蒸馏水溶解并定容至 100ml。

9. **1/15mol/L、pH 7.7 磷酸盐缓冲液**

1/15mol/L 磷酸二氢钾溶液：0.9078g 磷酸二氢钾溶解于 100ml 蒸馏水即成。
1/15mol/L 磷酸氢二钠溶液：1.187g 二水磷酸氢二钠溶解于 100ml 蒸馏水即可。
取上述磷酸二氢钾液 10ml、磷酸氢二钠液 90ml，将两者混合即成（用酸度计检测 pH）。

10. **0.9%氯化钠溶液**　　0.9g 氯化钠用蒸馏水溶解并稀释到 100ml。

（三）器材

碘量瓶、恒温水浴锅、漏斗、搅拌机等。

四、实验步骤

（一）肝匀浆的制备

1）放血处死家兔，取出肝脏。
2）用 0.9%氯化钠溶液洗掉肝脏上的污血，用滤纸擦去表面的水分。
3）取剪碎的 5g 肝组织倾入搅拌机，搅成匀浆。再用 0.9%氯化钠溶液定容为 10ml。

（二）酮体的生成

1）取两个锥形瓶，编号 A、B，按表 4-8 操作。

表 4-8　酮体的生成　　　　　　　　　　　　　　　　　　单位：ml

试剂	A	B
新鲜家兔肝匀浆	—	2
预先煮沸的家兔肝匀浆	2	—
pH7.7 磷酸盐缓冲液	3	3
0.5mol/L 正丁酸溶液	2	2

2）将加好试剂的两个锥形瓶摇匀，放入 43℃恒温水浴 40min 后取出。
3）取 3ml 20%三氯乙酸溶液加入两个锥形瓶中，摇匀后，室温放置 10min。
4）用漏斗过滤锥形瓶中的混合物，收集无蛋白滤液，放入事先编号 A、B 的试管中。

（三）酮体的测定

1）取碘量瓶两个，编号 A、B，按表 4-9 操作。

表 4-9　酮体的测定　　　　　　　　　　　　　　　　　　　　　　　单位：ml

试剂	A	B
无蛋白滤液	5	5
0.1mol/L 碘液	3	3
10%NaOH 溶液	3	3

2）混合均匀，将碘量瓶于室温放置 10min。
3）滴加 10%盐酸溶液于各碘量瓶中，将各瓶中溶液中和到微酸性或中性。
4）滴加 0.02mol/L 硫代硫酸钠溶液于碘量瓶中，使瓶中溶液呈浅黄色，继续滴加 0.1%淀粉溶液数滴，直至溶液呈蓝色。
5）用 0.02mol/L 硫代硫酸钠溶液滴定到碘量瓶中溶液的蓝色消退为止。
6）记录下滴定时所用去的硫代硫酸钠溶液毫升数。

（四）结果与计算

根据对照与滴定样品所消耗的硫代硫酸钠溶液体积之差，计算由正丁酸氧化生成丙酮的量。

$$\text{实验中所用肝匀浆中生成丙酮的量（mmol）} = (V_1 - V_2) \times C \times 1/6 \quad (4\text{-}4)$$

式中，V_1 是 A 管中滴定对照所消耗的 0.02mol/L 硫代硫酸钠溶液的毫升数；V_2 是 B 管中滴定样品所消耗的 0.02mol/L 硫代硫酸钠溶液的毫升数；C 是硫代硫酸钠溶液的浓度（mol/L）；生成丙酮量是消耗硫化硫酸钠量的 1/6。

五、注意事项

1）如需测定酮体的总量，需用重铬酸钾氧化 β-羟丁酸成为乙酰乙酸，后者与硫酸溶液共热生成丙酮，接着用丙酮测定法进行测定。
2）肝匀浆放置过久会失去氧化脂肪酸的能力，不能将正丁酸转化为酮体，故所用肝匀浆必须新鲜。
3）为防止碘液挥发，酮体测定时需用碘量瓶。如无，可用有盖锥形瓶代替。
4）三氯乙酸可使肝匀浆的蛋白质变性而沉淀，制备无蛋白滤液。

【思考题】

1. 大量酮体在体内积聚会引起怎样的后果？为什么低糖高脂膳食会导致肝脏中酮体的生成量增多？
2. 为什么高产乳牛泌乳初期容易出现酮症？

第 9 节　哺乳动物血液样品的处理

血液为细胞外液，由血浆和悬浮于血浆中的血细胞组成。血浆中含有蛋白质、糖类、脂类、无机盐类等多种物质。当动物机体出现生理或病理代谢变化，其重要指标就是血液成分的变化，临床医学中经常运用此变化来诊断疾病。值得注意的是，测定血液的不同生化指标需要对血液进行不同的处理。因此，掌握正确处理血浆、血清及全血的方法，具有广泛的应用价值。

一、实验目的

学习全血、血清、血浆和无蛋白血滤液的采集、处理及制备方法；加强生物化学实验基本训练。

二、实验原理

若要用血浆或全血做样品，必须在血液未凝固前就用抗凝剂进行处理。血清是全血不加抗凝剂自然凝固后析出的淡黄色清亮液体。其所含成分接近于组织间液，比全血更能反映机体的状态。测定血液或其他体液的化学成分时，样品内蛋白质的存在常常干扰测定。因此，需要以蛋白质沉淀剂沉淀蛋白，先制成无蛋白血滤液，再测定氨基酸、非蛋白氮、氯化物、尿素、尿酸及血糖等成分。

三、材料、试剂与器材

（一）材料与试剂准备

三氯乙酸、草酸钾、氢氧化钠、二水合钨酸钠、七水硫酸锌、浓硫酸等均为国产分析纯；小白鼠。

（二）试剂配制

1. **10%三氯乙酸溶液**　10g 三氯乙酸用蒸馏水溶解并稀释至 100ml。
2. **10%草酸钾溶液**　10g 草酸钾溶解于蒸馏水并定容至 100ml。
3. **0.5mol/L 氢氧化钠溶液**　20g 氢氧化钠用蒸馏水溶解并定容到 1000ml。
4. **10%钨酸钠溶液**　100g 二水合钨酸钠溶于蒸馏水并定容到 1000ml。此液以 1%酚酞为指示剂，应为微碱性（呈粉红色）或中性（无色）。
5. **10%硫酸锌溶液**　10g 七水硫酸锌溶于蒸馏水并定容至 100ml。
6. **1/3mol/L 硫酸溶液**　取 1 份标定过的 1.0mol/L 硫酸混合入 2 份蒸馏水中即可应用。

（三）器材

离心机、温箱、水浴锅等。

四、实验步骤

（一）全血及血浆的制备

1. **试管的预处理**　取 0.1ml 10%草酸钾（或 4%乙二胺四乙酸二钠或 10mg/ml 肝素）溶液加入试管，慢慢转动试管，使草酸钾溶液铺散于试管壁上，置烘箱 80℃烤干，使试管壁上附着一薄层白色粉末，加塞备用。

2. 样本的采集　　无菌条件下，从小白鼠内眼角或尾静脉采血。

3. 全血的制备　　将刚采集的血液注入预先加有抗凝剂的试管中，轻轻摇动，使抗凝剂完全溶解并分布于血液中，即为全血。

4. 血浆的制备　　室温或4℃，将已抗凝的全血于2000～3000r/min离心10～15min，沉降血细胞，取上层清液即得到血浆。

（二）血清的制备

1. 样本的采集　　无菌条件下，从小白鼠尾静脉或内眼角采血。

2. 样本的处理　　将刚采集的血液直接注入三角瓶或试管内，倾斜放置试管或三角瓶，使血液形成一斜面。亦可直接注入平皿中。

3. 血清的制备　　夏季于室温下放置，待血液凝固后，即有血清析出；冬季，血液置于37℃水浴箱或温箱中，促进血清析出。血清析出后，室温或4℃，于2000～3000r/min离心10～15min，将上清液移于另一试管中，加盖4℃或冷冻备用。

（三）无蛋白血滤液的制备

1. 三氯乙酸法

原理：有机强酸三氯乙酸可使蛋白质构象发生改变，暴露出较多的疏水性基团，使之聚集而沉淀。

操作：

1）取9份10%三氯乙酸置于锥形瓶或大试管中。

2）一边加入1份已充分混匀的抗凝血，一边不断摇动，使其充分混匀。

3）静置5min，过滤或离心。即得10倍稀释的清明透亮的无蛋白血滤液。

2. 氢氧化锌法

原理：在pH大于等电点的溶液中，血液中的蛋白质可用Zn^{2+}来沉淀。生成的氢氧化锌可吸附除血中葡萄糖以外的许多还原性物质而沉淀。

操作：

1）取1支干燥洁净的50ml锥形瓶或大试管，准确加入7份水。

2）准确加入1份混匀的抗凝血，边加边摇。

3）加入1份10%硫酸锌溶液，随加随摇。

4）缓缓加入1份0.5mol/L氢氧化钠溶液，边加边摇。放置5min，2500r/min离心10min，得到清明透亮的滤液。

3. 钨酸法（福林-吴宪法）

原理：钨酸钠与硫酸反应生成钨酸：$Na_2WO_4 + H_2SO_4 \longrightarrow H_2WO_4 + Na_2SO_4$。血液中蛋白质在pH小于其等电点的溶液中可被钨酸沉淀，再经过滤或离心，所得到的上清液，即为pH约为6且无色透明的无蛋白血滤液。

操作：

1）取50ml大试管或锥形瓶1支。

2）用吸管吸取充分混合的抗凝血1份，拭去吸管外血液，缓慢加入试管或锥形瓶底部。

3）加入蒸馏水7份，混匀，使完全溶血。

4）一边加入 1 份 1/3mol/L 硫酸溶液，一边不断摇动，使其充分混匀。

5）加入 1 份 10%钨酸钠溶液，随加随摇。

6）静置约 5min 后，如振摇不出现泡沫，说明蛋白质已完全变性沉淀。2500r/min 离心 10min，即得清亮透明的无蛋白血滤液。

五、注意事项

1）各种动物的采血部位不尽相同。家禽由翼静脉和隐静脉采集；小动物如兔从耳静脉抽取；天竺鼠和大白鼠则由心脏采集；犬从颈静脉或股内静脉抽取；马属动物、牛、猪等由颈静脉采集。

2）正常成分测定的血液样品应在动物早晨饲喂前采集，以避免食物成分对血液样品的影响。

3）在采血时要避免溶血，在采血时所用的注射器、针头及盛血容器要干燥清洁；采出的血液要沿管壁慢慢注入盛血容器内。若用注射器取血时，采血后应先取下针头，再慢慢注入容器内，以免吹起气泡造成溶血。

4）量取全血时，血液必须充分混合，以保证血细胞和血浆分布均匀，但混匀时切不可用力过猛，以免产生气泡或溶血。

【思考题】

1. 用本节所示方法制得的血滤液，都将原来样品稀释了多少倍？所得到的 1ml 无蛋白血滤液相当于多少毫升的全血、血浆或血清？

2. 为什么氢氧化锌法制备的无蛋白血滤液适用于血液葡萄糖的测定？

第 10 节　猪血糖的测定

血糖主要是指血液中所含的葡萄糖及少量的己糖磷酸酯。成年动物的血糖浓度保持相对恒定，对于维持机体正常的生理活动非常重要。因此测定动物血液中的葡萄糖含量的变化，具有重要的实际应用价值。它有助于了解动物的生理状态，进行病情评估、疾病诊断和疗效观察等。

一、实验目的

掌握邻甲苯胺法测定血糖的原理和方法；掌握可见分光光度计的使用方法；了解血糖测定的意义；掌握钨酸法测定血液葡萄糖的原理和方法。

二、实验原理

在热的乙酸溶液中，葡萄糖与邻甲苯胺反应生成葡萄糖基胺，葡萄糖基胺不稳定，脱水后可生成蓝绿色的席夫碱（Schiff base）。

葡萄糖具有还原性，与碱性铜试剂混合加热时，其所含的醛基被氧化成羧基，与此同时铜试剂中的二价铜，被还原成砖红色的氧化亚铜而沉淀。氧化亚铜可还原磷钼酸为钼蓝，使溶液变成蓝色。蓝色的深浅与血滤液中葡萄糖的浓度成正比。再选用浓度接近于测定管的标准管，同时反应，同时比色，求出测定管中葡萄糖的含量。

三、材料、试剂及器材

（一）材料与试剂准备

1. 邻甲苯胺法　　硫脲、苯甲酸、冰醋酸、硼酸、邻甲苯胺、无水葡萄糖、浓硫酸等均为国产分析纯；新鲜的猪血清。

2. 钨酸法　　浓磷酸、葡萄糖、苯甲酸、酒石酸、钼酸、浓硫酸、无水碳酸钠、钨酸钠、结晶硫酸铜等均为国产分析纯；抗凝猪血。

（二）试剂配制

1. 邻甲苯胺法试剂

（1）葡萄糖标准储存液（100mg/ml）　　将少量无水葡萄糖置于硫酸干燥器内一夜。取1.000g无水葡萄糖溶于饱和苯甲酸溶液并稀释至100ml。置冰箱中可长期保存。

（2）葡萄糖标准应用液（1mg/ml）　　取10ml葡萄糖标准储存液用饱和苯甲酸溶液稀释至100ml。

（3）饱和苯甲酸溶液　　2.5g苯甲酸加入1L蒸馏水中，煮沸使溶解。冷却后置试剂瓶内。

（4）邻甲苯胺试剂　　2.5g硫脲溶于750ml冰醋酸中，移入1L容量瓶内，加入150ml邻甲苯胺、100ml 2.4%硼酸溶液，再加冰醋酸定容至1L，置棕色瓶中可保存2个月。

（5）2.4%硼酸溶液　　2.4g硼酸加蒸馏水溶解并定容到100ml。

2. 钨酸法试剂

（1）0.25%苯甲酸溶液　　2.5g苯甲酸加入1000ml蒸馏水中，煮沸溶解，冷却后稀释至1000ml，配制后可长期使用。

（2）葡萄糖标准储存液（10mg/ml）　　用硫酸干燥器过夜后，将1.000g无水葡萄糖溶解于0.25%苯甲酸溶液并定容到100ml。储存于冰箱中，可长期保存。

（3）葡萄糖标准应用液（0.1mg/ml）　　1.0ml葡萄糖标准储存液用0.25%苯甲酸溶液稀释至100ml。

（4）碱性铜试剂　　7.5g酒石酸溶于约300ml蒸馏水中；4.5g结晶硫酸铜溶于200ml蒸馏水中；40g无水碳酸钠溶于约400ml蒸馏水中，均加热助溶。冷却后，将酒石酸溶液加入碳酸钠溶液中，混匀，倒入1000ml容量瓶中，接着倒入硫酸铜溶液并加蒸馏水定容到刻度。混匀，于棕色瓶中长期储存。

（5）1/3mol/L硫酸溶液　　2份蒸馏水，标定过的1.0mol/L硫酸1份，混匀即可。

（6）磷钼酸试剂　　70g钼酸和10g钨酸钠，加入400ml 10%NaOH溶液及400ml蒸馏水，混合后煮沸20~40min除去钼酸中可能存在的氨，冷却后加入250ml 80%浓磷酸，混匀，最后以蒸馏水定容到1000ml。

（7）1∶4磷钼酸稀释液　　取4份蒸馏水、1份磷钼酸试剂混合后即得。

（8）10%钨酸钠溶液　　10g 钨酸钠溶于蒸馏水，定容至 100ml，取约 10.4ml 0.1mol/L HCl 溶液将此碱性溶液滴定至中性。约可保存半年。

（三）器材

1. 邻甲苯胺法器材　　水浴锅、血糖管、722 型可见分光光度计等。
2. 钨酸法器材　　电炉、血糖管、水浴锅、722 型可见分光光度计、离心机等。

四、实验步骤

（一）邻甲苯胺法实验步骤

1）取 3 支血糖管，按表 4-10 操作。

表 4-10　邻甲苯胺法测定血糖的操作步骤　　　　　　　　　　　单位：ml

试剂	空白管	标准管	测定管
邻甲苯胺试剂	5.0	5.0	5.0
血清	—	—	0.1
葡萄糖标准应用液	—	0.1	—
蒸馏水	0.1	—	—

2）混合后置沸水浴中加热 15min，取出，用冷水或流水冷却。在 630nm 处进行比色。以空白管调零，读取各管的吸光度。

3）计算

$$\frac{测定管吸光度}{标准管吸光度}\times 0.1 \times \frac{100}{0.1} = \frac{测定管吸光度}{标准管吸光度}\times 100 = 葡萄糖浓度（mg/100ml） \quad (4-5)$$

（二）钨酸法实验步骤

1）用钨酸法制备 1∶10 全血无蛋白滤液。

2）取 4 支血糖管按表 4-11 操作。

表 4-11　钨酸法测定血糖的操作步骤　　　　　　　　　　　单位：ml

试剂	空白管	低浓度标准管	高浓度标准管	测定管
无蛋白血滤液	—	—	—	1.0
蒸馏水	2.0	1.0	—	1.0
葡萄糖标准应用液	—	1.0	2.0	—
碱性铜试剂	2.0	2.0	2.0	2.0
混匀，置沸水浴中煮 8min。取出用流动自来水冷却 3min（切忌摇动血糖管）			
磷钼酸试剂	2.0	2.0	2.0	2.0
混匀放置 2min，逸出二氧化碳			
1∶4 磷钼酸稀释液	加至 25	加至 25	加至 25	加至 25

1∶4 磷钼酸稀释液加至 25ml 刻度处后，用橡皮塞塞紧管口颠倒混匀，用空白管调"0"点，于 420nm 波长处进行比色，读取并记录各管吸光度。

3）计算

高浓度标准管：

$$\frac{测定管吸光度}{标准管吸光度}\times 0.2 \times \frac{100}{0.1} = \frac{测定管吸光度}{标准管吸光度}\times 200 = 葡萄糖浓度（mg/100ml） \quad (4\text{-}6)$$

低浓度标准管：

$$\frac{测定管吸光度}{标准管吸光度}\times 0.1 \times \frac{100}{0.1} = \frac{测定管吸光度}{标准管吸光度}\times 100 = 葡萄糖浓度（mg/100ml） \quad (4\text{-}7)$$

五、注意事项

1）临床上多采用葡萄糖氧化酶法，此方法成本和准确性均较高；学生实验时多采用经典的化学法如钨酸法，此方法成本低廉，费时较少；邻甲苯胺法也较常用，实验操作简单，缺点是邻甲苯胺有毒，配制时要戴手套、口罩。

2）向抗凝血中加入三氯乙酸或钨酸钠，沉淀血液中的蛋白质，再离心或过滤除去沉淀，得到的透明溶液即是无蛋白血滤液。

3）碱性铜试剂如放置时出现沉淀，可先过滤再使用。

4）比色的操作应迅速，以避免因磷钼酸试剂显色不稳定，影响实验结果。

5）必须等水沸腾后，再放入血糖管。准确加热 8min，时间过长，呈色较深，反之则浅，结果均不准确。

6）葡萄糖与邻甲苯胺试剂显色的深浅及其稳定性与试剂中邻甲苯胺浓度、冰醋酸浓度及加热时间有关。

7）沸水浴后，流水冷却试管时，不要让水溅入试管中；比色时，应用少量待测溶液润洗比色杯，不用水洗。否则会影响实验结果。

【思考题】

1. 为什么测定血糖时，应注意保持采血部位和采血方法的一致？
2. 为什么用钨酸法测得的血糖含量较实际葡萄糖含量稍高？
3. 钨酸法血糖管 4ml 容量处的细管有什么作用？

第 11 节　兔血清氨基转移酶的活性测定

氨基转移酶普遍存在于机体的各个组织中，但在肝组织中活性较高，是检测肝功能的重要指标。因为氨基转移酶属胞内酶，所以在正常代谢情况下，此酶在血清中活性很低。但是当组织发生病变时，由于细胞膜破裂或细胞肿胀坏死可导致细胞膜通透性增高，会使大量的酶释放到血液中，从而引起血清中相应的氨基转移酶活性显著增高。例如，急性肝炎和中毒性肝细胞坏死时血清中谷丙转氨酶水平会显著增高，因此血清氨基转移酶的活性测定在临床上有重要意义。

一、实验目的

掌握氨基转移酶的生物学意义;学习分光光度计测定血清中氨基转移酶活性的方法。

二、实验原理

在谷丙转氨酶的催化下,丙氨酸和 α-酮戊二酸相互交换氨基与酮基,生成谷氨酸和丙酮酸。丙酮酸与 2,4-二硝基苯肼反应,生成的丙酮酸-2,4-二硝基苯腙,在碱性溶液中呈棕红色,其颜色的深浅与通过转氨基作用生成的丙酮酸的量成正比,因而可用分光光度法测定其含量并计算出谷丙转氨酶的活性。

三、材料、试剂与器材

(一)材料与试剂准备

磷酸二氢钾(KH_2PO_4)、磷酸氢二钠($Na_2HPO_4 \cdot 12H_2O$)、丙酮酸钠、α-酮戊二酸、D、L-丙氨酸、2,4-二硝基苯肼、浓盐酸、氢氧化钠等均为国产分析纯;新鲜的兔血清。

(二)试剂配制

1. **丙酮酸标准液(2mmol/L)**　　22mg 丙酮酸钠用 pH7.4 磷酸缓冲液溶解并稀释至 100ml,混匀后在冰箱中保存。

2. **pH7.4 的磷酸缓冲液**　　1/15mol/L 磷酸二氢钾 192ml(9.078g KH_2PO_4 溶于 1000ml 水中)与 1/15mol/L 磷酸氢二钠 808ml(23.89g $Na_2HPO_4 \cdot 12H_2O$ 溶于 1000ml 水中)混合即得。

3. **谷丙转氨酶基质液**　　29.2mg α-酮戊二酸和 1.97g D、L-丙氨酸,加少量 pH7.4 磷酸缓冲液和 1mol/L NaOH 溶液,校正 pH 到 7.4,接着用 pH7.4 磷酸缓冲液定容到 100ml,充分混匀,冰箱内可保存 1 周。

4. **2,4-二硝基苯肼溶液**　　20mg 2,4-二硝基苯肼加热助溶于 10ml 的浓盐酸中,再用水稀释到 100ml。

5. **0.4mol/L 氢氧化钠溶液**　　8g 氢氧化钠用水溶解并定容至 500ml。

(三)器材

移液器、恒温水浴锅、分光光度计、试管架、试管等。

四、实验步骤

(一)标准管法测谷丙转氨酶活性

按表 4-12 加入试剂。

表 4-12　谷丙转氨酶活性测定的操作步骤　　　　　　　　　　　单位:ml

试剂	空白管	标准管	测定管
血清	—	0.2	—
蒸馏水	0.2	—	0.1
谷丙转氨酶基质液(预热 10min)	0.5	0.5	0.5

续表

试剂	空白管	标准管	测定管
pH7.4 磷酸缓冲液	0.1	0.1	0.1
丙酮酸标准液	—	—	0.1
混合 37℃水浴 30min			
2,4-二硝基苯肼溶液	0.5	0.5	0.5
混合 37℃水浴 20min			
0.4mol/L 氢氧化钠溶液	5	5	5

各管混合,以空白管调零点,于波长 520nm 处比色,测定标准管和测定管吸光度值。

(二) 结果与计算

本实验中,谷丙转氨酶活力单位定义为:血清与足量的丙氨酸、α-酮戊二酸在 37℃反应 30min,每生成 1μmol 丙酮酸所需的酶量,称为一个谷丙转氨酶活力单位。根据式 (4-8) 计算血清中谷丙转氨酶活力单位数:

每 100ml 血清中谷丙转氨酶活力单位数为:

$$\frac{测定管吸光度}{标准管吸光度} \times 0.2 \times \frac{100}{0.2} = \frac{测定管吸光度}{标准管吸光度} \times 100 = 谷丙转氨酶活力单位 \quad (4-8)$$

五、注意事项

1) 标本要用新鲜的血清,采血时应避免溶血,及时分离血清。

2) 因为 α-酮戊二酸也能与 2,4-二硝基苯肼作用而显色,且 2,4-二硝基苯肼本身也有类似的颜色(空白管颜色较深),所以 2,4-二硝基苯肼与丙酮酸的颜色反应特异性不高。

3) 操作时应严格把控试剂加入量、酶作用的时间、温度等,酶活性的测定结果与之有关。

【思考题】

1. 谷丙转氨酶基质液保存时加数滴氯仿有什么作用?
2. 血清谷丙转氨酶的测定有何临床意义?

第 12 节 羊血清总蛋白、清蛋白及球蛋白的测定

蛋白质的含氮量约为 16%,测出含氮量即可推知蛋白质含量。而总氮量的测定,通常采用微量凯氏定氮法。微量凯氏定氮法不但测定准确度高,而且可测定各种不同形态样品,因而被认为是测定生物材料中蛋白质含量的标准分析方法。利用微量凯氏定氮法测定蛋白质含量时,应减去非蛋白氮的部分,得到蛋白质氮的确切含量,再求得蛋白质含量。血清总蛋白可以分为白蛋白和球蛋白。测定血清蛋白含量对肝脏疾病的诊断有重要价值。球蛋白与血浆

黏度和机体免疫功能密切相关。因此，测定血清总蛋白、白蛋白及球蛋白的变化具有重要的临床价值。

一、实验目的

掌握血清总蛋白、白蛋白及球蛋白含量的测定原理和一般操作步骤；掌握白蛋白、球蛋白分离方法。

二、实验原理

将血清或血浆稀释后，加强酸消化为铵盐，再与奈氏试剂作用，使其显色，与经同样处理的标准铵盐溶液比色测定，即可求得总氮量。此总氮减去非蛋白氮量，乘以系数 6.25（蛋白质内氮约占 16%）即得蛋白质总量（如以血清为样本，则包括清蛋白和球蛋白两种；如以血浆为样品，则总蛋白中包括清蛋白、球蛋白和纤维蛋白）。

利用 23%硫酸钠或 21%亚硫酸钠溶液的盐析作用沉淀血清中球蛋白，取其上清液以上述方法测得含氮量。从总蛋白中减去清蛋白量即得球蛋白量。

反应如下：

$$含氮化合物 + H_2SO_4 \longrightarrow (NH_4)_2SO_4 + CO_2 + SO_2 + H_2O$$

$$(NH_4)_2SO_4 + 2NaOH \longrightarrow Na_2SO_4 + 2NH_4OH$$

$$NH_4OH + 2(HgI_2 \cdot 2KI) + 3NaOH \longrightarrow 碘化双汞铵 + 3NaI + 3H_2O$$

三、材料、试剂与器材

（一）材料与试剂准备

硫酸铜、30%过氧化氢、硫酸铵、浓硫酸、氢氧化钠、浓盐酸、碘、碘化钾、汞、乙醚等均为国产分析纯；羊血清。

（二）试剂配制

1. 奈氏试剂

（1）储存液 取 110g 碘、150g 碘化钾、150g 汞及 100ml 蒸馏水置 500ml 锥形瓶内。用力振荡 7~15min，待棕红色的碘开始变色时，此混合液即产生高温，马上将此瓶浸于冷水中继续振荡，直到转变为带绿色的碘化钾汞溶液为止。将上清液倒入 2000ml 的量筒内，加蒸馏水到 2000ml 刻度后，混匀即可。

（2）应用液 取 700ml 10%NaOH 溶液、150ml 奈氏试剂储存液及 150ml 蒸馏水，混合均匀。如出现浑浊，则静置 1 日，倾取上层清液使用。此混合液的酸碱度颇为重要：若用强酸消化液 1ml，需此试剂 9~9.5ml 才能中和。如用等物质的的量盐酸（20ml）滴定，则用此试剂 11~11.5ml 恰好可使酚酞变成红色，最为合适。

2. 球蛋白沉淀剂 可于下列三种溶液中任选一种。

1）21%亚硫酸钠溶液：210g 无水亚硫酸钠溶解于蒸馏水并定容至 1000ml。

2）硫酸铜钠溶液：500ml 0.02%硫酸铜溶液，10ml 23%硫酸钠溶液，二者混匀即可。

3）23%硫酸钠溶液：230g 无水硫酸钠加热助溶于适量蒸馏水中，待冷却至 37℃时再以蒸馏水稀释至1000ml，在37℃下过滤后，保存于37℃温箱内备用（夏天可放置于室温）。

3. 消化液 50%硫酸：取50ml蒸馏水加入250ml烧杯中，加5ml 5%硫酸铜，再缓缓加入50ml浓硫酸，边加边搅拌，冷却后使用。

4. 硫酸铵标准液

（1）硫酸铵标准储存液（1mg/ml） 取4.716g干燥的硫酸铵用少量蒸馏水溶解后，转入1000ml容量瓶中。加入1ml浓盐酸（防止溶液生霉），再加蒸馏水到1000ml。

（2）硫酸铵标准应用液（0.03mg/ml） 取3ml上述储存液，置于100ml的容量瓶中，加入0.1ml浓盐酸，加蒸馏水稀释到刻度即可。

5. 10%氢氧化钠溶液 10g氢氧化钠用蒸馏水溶解并定容至100ml。

6. 0.9%氯化钠溶液 0.9g氯化钠溶解于蒸馏水并定容至100ml。

7. 乙醚

8. 30%过氧化氢

（三）器材

电炉、量筒、天平、玻璃棒与烧杯、容量瓶、移液器、试剂瓶、可见光分光光度计、硬质大试管与试管架等。

四、实验步骤

（一）总蛋白量的测定

1）取1ml羊血清置于100ml容量瓶中，以0.9%氯化钠溶液稀释至刻度，充分混匀。

2）取3支硬质大试管，按表4-13操作。

表4-13 总蛋白量测定的操作步骤 单位：ml

试剂	空白管	标准管	测定管
稀释血清	—	—	0.2
硫酸铵标准应用液	—	0.5	—
消化液	0.1	0.1	0.1
加热测定管（电炉），待管中充满白烟，液体变黑后，离火稍凉，加入30%过氧化氢1滴，继续消化至透明为止，冷却			
蒸馏水	3.5	3.0	3.5
奈氏试剂应用液	1.5	1.5	1.5

混匀后，在420nm波长处进行比色，以空白管调零，读取各管的吸光度。

3）计算：

$$血清总蛋白含氮量（mg/100ml）= \frac{测定管吸光度}{标准管吸光度} \times 0.015 \times \frac{100}{0.002} = \frac{测定管吸光度}{标准管吸光度} \times 750$$

(4-9)

$$血清总蛋白量（g/100ml）=（总氮量-非蛋白氮量）\times \frac{6.25}{1000}$$

(4-10)

（二）清蛋白的测定

1）0.1ml 血清置于离心管中，加入 23%硫酸钠（或 21%亚硫酸钠）溶液 3.9ml，混匀后，再加入 1ml 乙醚，堵住管口，用力振荡直至全管呈白色泡沫状。慢慢开启管塞，以 3000r/min 离心约 10min。此时管内液体分为三层，上层为乙醚，中层为白色薄膜状的球蛋白，底层为清晰的清蛋白溶液。

2）一人斜执离心管，使球蛋白沉淀与管壁分离；另一人将移液器吸头沿着管壁与球蛋白沉淀之间的空隙处插入底层，取清蛋白溶液 0.1ml，用滤纸擦净枪头外部后，将其放入硬质试管内，加 0.1ml 消化液，按表 4-14 操作。

表 4-14　清蛋白量测定的操作步骤　　　　　　　　　　　　　　　　单位：ml

试剂	空白管	标准管	测定管
稀释清蛋白溶液	—	—	0.1
硫酸铵标准应用液	—	0.5	—
消化液	0.1	0.1	0.1
测定管电炉加热，管中会充满白烟，液体颜色变深直至变黑，持续加热颜色会变浅直至变无色，也可同表 4-13			
蒸馏水	3.5	3.0	3.5
奈氏试剂应用液	1.5	1.5	1.5

混匀后，在 420nm 波长处进行比色，以空白管调零，读取各管的吸光度。

3）计算：

$$血清清蛋白含氮量（mg/100ml）= \frac{测定管吸光度}{标准管吸光度} \times 0.015 \times \frac{100}{0.0025} = \frac{测定管吸光度}{标准管吸光度} \times 600 \tag{4-11}$$

$$血清清蛋白量（g/100ml）=（总氮量-非蛋白氮量）\times \frac{6.25}{1000} \tag{4-12}$$

（三）球蛋白的测定

$$血清总蛋白量-血清清蛋白量=血清球蛋白量 \tag{4-13}$$

五、注意事项

1）加热消化过程会产生有毒气体，故此反应要在通风橱中进行。
2）加入奈氏试剂时如不显色，可能是由于消化不完全或加消化液过多。
3）本实验所用蒸馏水必须无氨，应常用奈氏试剂检查。
4）为减少结果偏差，应严格控制消化时间，只需消化液变清即可。
5）硫酸钠溶液，冷天时易结晶析出。实验时可将试剂、所用试管、吸管置于 37℃温箱，趁热操作。

【思考题】

试说明加入奈氏试剂后，出现浑浊的原因。

第 13 节　猪血清蛋白质醋酸纤维素薄膜电泳

带电颗粒向着与其电性相反的电极移动的现象，称为电泳。电泳可采用不同的支持物，如采用醋酸纤维素薄膜作为电泳支持物，此电泳方法即称为醋酸纤维素薄膜电泳。此方法拥有微量、分辨率高、快速、简便、对样品无吸附现象和无拖尾等优点，且持续时间短，特别适合用于本科生实验。

一、实验目的

掌握电泳的一般原理，掌握醋酸纤维素薄膜电泳操作技术；了解血清中各种蛋白质的相对含量。

二、实验原理

蛋白质是两性电解质。处于 pH 等于等电点的缓冲液中，蛋白质的静电荷为零，在电场中不移动；pH 大于其等电点时，蛋白质带负电荷，在电场中向阳极移动；pH 小于其等电点时，蛋白质带正电荷，在电场中向阴极移动。血清中的数种蛋白质，因其可解离基团不同，在同一 pH 的溶液中，所带净电荷不同，且其质量不同，导致它们在电场中移动速度不同，因此可用电泳法将它们分离。本实验以醋酸纤维薄膜作为电泳支持物，对血清中各种蛋白质进行分离分析。

三、材料、试剂与器材

（一）材料与试剂准备

巴比妥、巴比妥钠、氢氧化钠、氨基黑 10B、冰醋酸、甲醇、液体石蜡、无水乙醇等均为国产分析纯；无溶血现象的新鲜血清；市售醋酸纤维素薄膜成品。

（二）试剂配制

1. 巴比妥-巴比妥钠缓冲液（0.07mol/L，离子强度 0.06，pH8.6）　　1.6g 巴比妥和 12.76g 巴比妥钠溶于蒸馏水并稀释至 1000ml。
2. 洗脱液　　0.4mol/L 的氢氧化钠溶液（16g 氢氧化钠用蒸馏水溶解并定容至 1000ml）。
3. 染色液　　0.5g 氨基黑 10B、40ml 蒸馏水、11ml 冰醋酸、50ml 甲醇混匀即可。
4. 保存液　　液体石蜡。
5. 透明液　　临用前配制。
（1）甲液　　15ml 冰醋酸和 85ml 无水乙醇，混匀可得。
（2）乙液　　25ml 冰醋酸与 75ml 无水乙醇，混匀即可。
6. 漂洗液　　45ml 95%乙醇、5ml 冰醋酸和 50ml 蒸馏水，混匀可得。

(三)器材

电泳仪、水平板电泳槽、电吹风、自动扫描分光光度计、电子求积仪、宽头载玻片夹持镊子、剪刀、尺子、铅笔、盖玻片、载玻片、滤纸及试管等。

四、实验步骤

(一)电泳前准备

1. 浸泡　　将醋酸纤维素薄膜条浸入巴比妥-巴比妥钠缓冲液中,浸透后,用宽头载玻片夹持镊子轻轻取出,夹于干净的滤纸中,吸去薄膜表面多余的缓冲液,分辨出薄膜的无光泽面。

2. 电桥的制备　　根据电泳槽的大小,将滤纸裁成合适大小的长方形,浸透巴比妥-巴比妥钠缓冲液后,一端贴在电泳槽的支架上,一端浸入该缓冲液中。

3. 点样　　将1～2滴血清滴于载玻片上,用点样器蘸取2～3μl血清,稍稍用力接触距薄膜无光泽面一端1.5cm处,薄膜上可见一条带状样品。将薄膜无光泽面架在电桥上,点样端应置于阴极。

(二)电泳

平衡10min后,通电,调节每厘米薄膜宽的电流强度为0.3mA,通电10～15min后,电流强度提高到每厘米薄膜宽为0.4～0.6mA,通电50～70min。

(三)染色

电泳完毕后,关掉电源,用宽头载玻片夹持镊子取出薄膜,浸入染色液中,染色5min。然后取出薄膜,稍稍沥干染色液。

(四)漂洗

将薄膜放入漂洗液中,浸洗,每隔10min左右换一次,连续三次,直至背景颜色洗脱为止。滤纸吸去多余的溶液后,用电吹风的冷风吹干。

(五)结果判断

薄膜上从正极起依次为清蛋白、α_1-球蛋白、α_2-球蛋白、β-球蛋白和γ-球蛋白。

(六)透明

将干薄膜依次浸入透明液甲液中2min,透明液乙液中1min,然后迅速取出薄膜,紧贴于干净玻璃处,用镊子的宽头快速赶走薄膜与玻璃之间的气泡。2～3min后薄膜完全透明。放置15min后,用电吹风热风吹干。

(七)透明后处理

将玻璃板上透明薄膜用水润湿后,用单面刀片撬起膜的一角,轻轻撕下薄膜即可。如想电泳图谱色泽鲜艳,可用液体石蜡浸泡3min,取出吸干、压平,可长期保存。

（八）定量分析

1）将漂净干燥的薄膜电泳图谱放入色谱扫描仪或自动扫描分光光度计内，通过反射（未透明的膜）或透射（已透明的膜）方式进行扫描，扫描仪可自动绘出血清蛋白质各组分曲线图。用电子求积仪测出各峰的面积，然后计算每个峰的面积与它们总面积的百分比，即代表血清中各种蛋白组分的百分含量。

2）将未透明的漂净薄膜，用滤纸吸干后，剪下各蛋白色带及一小段未着色的空白区，分别浸于试管中 4ml 洗脱液中，37℃水浴 5～10min，色泽浸出后，于 590nm 处比色。五部分的吸光度分别为：$A_{清}$、$A_{α1}$、$A_{α2}$、$A_{β}$ 和 $A_{γ}$。

吸光度总和为：$\quad\quad\quad A_{总} = A_{清} + A_{α1} + A_{α2} + A_{β} + A_{γ}$ (4-14)

$$清蛋白(\%) = A_{清}/A_{总} \times 100\%$$
$$α_1\text{-球蛋白}(\%) = A_{α1}/A_{总} \times 100\%$$
$$α_2\text{-球蛋白}(\%) = A_{α2}/A_{总} \times 100\%$$
$$β\text{-球蛋白}(\%) = A_{β}/A_{总} \times 100\%$$
$$γ\text{-球蛋白}(\%) = A_{γ}/A_{总} \times 100\%$$

五、注意事项

1）电泳后薄膜上一般显现清楚的 5 条区带，但不同的动物不完全一样。

2）点样前应将醋酸纤维素薄膜应用电泳缓冲液浸透，时间约为 30min。

3）薄膜透明时，透膜时间要准确，透膜时间过短，部分膜因未完全透明呈白色；透膜时间过长，膜会变软变皱，导致后面的实验无法进行。

4）加样量要合适，不能太多也不能太少，点样时用力不要太轻也不能太重。

5）由于电泳时间较长，所以可先了解一下点样电泳操作，电泳时，再了解原理及下面的染色、漂洗、透明、定量分析等操作。

6）透明时，从乙液中拿出薄膜后，放在玻璃板上，从一头放起，尽量赶走膜与板之间的气泡，否则干后薄膜会不平。

【思考题】

本实验选用 pH8.6 巴比妥-巴比妥钠为电泳缓冲液，在此环境下蛋白质带什么电荷？在电场中向哪个电极移动？其移动速度取决于什么？

第 14 节　牛血清无机磷、钙、钾和钠的测定

体内无机盐中以磷、钙含量较高，它们约占机体总灰分的 70% 以上。牙齿和骨骼中的骨盐以羟磷灰石 [$3Ca_3(PO_4)_2 \cdot Ca(OH)_2$] 的形式存在，含有体内 80%～85% 的磷及 99% 以上的钙。其余的磷则在细胞内和细胞外液中分布。而其余的钙主要分布在细胞外液（组织间液和血浆）中，细胞内钙的含量极少。体液中磷、钙的含量虽然很少，但可调节机体内多方面的

生理活动和生物化学过程。

K^+是细胞内液的主要阳离子，是维持细胞的正常代谢与功能、体内酸碱平衡、细胞容积、细胞内液的渗透压及神经肌肉正常兴奋性的决定因素。而Na^+的正常浓度对维持神经肌肉正常兴奋性、细胞外液渗透压及其容量起重要作用。

因此，测定血液无机磷/钙/钾/钠水平的变化具有重要的临床价值。

一、实验目的

掌握硫酸亚铁磷钼蓝比色法测定无机磷，乙二胺四乙酸二钠络合滴定法测定总钙，四苯硼钠比浊法测定钾及焦锑酸钾比浊法测定钠的原理和操作步骤。了解其测定的临床意义。

二、实验原理

在无蛋白血滤液中加入钼酸铵试剂，使其与磷结合成磷钼酸，接着以硫酸亚铁为还原剂，将磷钼酸还原成蓝色化合物——磷钼蓝，最后以比色法测定血清中无机磷的含量。反应式如下：

$$(NH_4)_2MoO_4 + H_2SO_4 \longrightarrow H_2MoO_4 + (NH_4)_2SO_4$$

$$12H_2MoO_4 + H_3PO_4 \longrightarrow H_3P(Mo_3O_{10})_4 + 12H_2O$$

$$H_3P(Mo_3O_{10})_4 \xrightarrow{FeSO_4} 磷钼蓝$$

在碱性溶液中，血清中的Ca^{2+}与钙红指示剂结合为可溶性的复合物，使溶液呈淡红色。乙二胺四乙酸二钠对Ca^{2+}的亲和力很大，能与复合物中的Ca^{2+}络合，使指示剂重新游离出来，使溶液呈蓝色。故溶液由红色转变成蓝色时，即为滴定终点，据此可以计算出血清中钙的含量。

血清K^+与四苯硼钠反应，会生成不溶于水的四苯硼钾，生成沉淀的量在一定范围内与K^+的浓度成正比，故依据浊度可检测血清中钾的含量。反应式如下：

$$K^+ + NaB(C_6H_5)_4 \longrightarrow K[B(C_6H_5)_4]\downarrow + Na^+$$

在弱碱性溶液中，血清中的Na^+与焦锑酸钾试剂发生沉淀，其浊度在一定范围内与Na^+的浓度成正比。故可用比浊度测定血清中钠的含量。反应式如下：

$$2Na^+ + K_2H_2Sb_2O_7 \longrightarrow Na_2H_2Sb_2O_7\downarrow + 2K^+$$

该法是除火焰光度法外，操作简单、结果准确的一种方法。

三、材料、试剂与器材

（一）材料与试剂准备

十二水磷酸氢二钠、柠檬酸、焦锑酸钾、氢氧化钾、氯化钠、硫酸钾、四苯硼钠、碳酸钙、钙红、甲醇、乙二胺四乙酸二钠、三氯乙酸、磷酸二氢钾、浓硫酸、钼酸铵、硫酸亚铁均为国产分析纯；新鲜牛血清。

（二）试剂配制

1. 血清无机磷测定用试剂

（1）钼酸铵试剂　　在200ml蒸馏水中缓缓加入45ml浓硫酸，缓慢加入，边加边搅拌，再加 22g 钼酸铵，溶解后保存于试剂瓶中。

（2）硫酸亚铁-钼酸铵试剂　　临用前配制，0.5g 硫酸亚铁溶解于 9ml 蒸馏水，再加 1ml 钼酸铵试剂混匀即可。

（3）磷储存标准液（0.1mg/ml）　　439mg 磷酸二氢钾溶解于适量蒸馏水并稀释到 1000ml。加 2ml 氯仿防腐，置冰箱保存。

（4）磷应用标准液（0.012mg/ml）　　取 12ml 磷储存标准液加 10%三氯乙酸溶液至 100ml。

（5）10%三氯乙酸溶液　　10g 三氯乙酸溶于适量蒸馏水并定容到 100ml。

2. 血清钙测定用试剂

（1）乙二胺四乙酸二钠溶液　　0.1g 乙二胺四乙酸二钠溶解于 50ml 去离子水和 2ml 1mol/L 氢氧化钠中，最后加去离子水至 100ml。

（2）钙标准液（0.1mg/ml）　　250mg 干燥碳酸钙溶解于 40ml 水及 6ml 1mol/L 盐酸中，需慢慢加温至 60℃，冷却后移入 1000ml 容量瓶中，加去离子水至刻度。

（3）钙红指示剂　　0.1g 钙红溶于 20ml 甲醇中。

3. 血清钾测定用试剂

（1）钾储存标准液（0.05mol/L）　　干燥的 4.356g 硫酸钾或 3.728g 氯化钾溶于重蒸馏水中并定容至 1L。

（2）钾应用标准液（$5.0×10^{-4}$mol/L）　　1ml 钾储存标准液用重蒸馏水稀释至 100ml。

（3）2%四苯硼钠溶液　　2.0g 四苯硼钠溶于 40ml 共用缓冲液中，再加重蒸馏水至 100ml。

4. 血清钠测定用试剂

（1）钠储存标准液（1mol/L）　　取少量氯化钠于 110~120℃烘 4 h，在干燥器内冷却，取 5.845g 用重蒸馏水溶解并定容至 100ml。

（2）钠应用标准液（0.140mol/L）　　取 14ml 钠储存标准液，置于 100ml 容量瓶内，加 37ml 蒸馏水，用无水乙醇定容至 100ml。

（3）3%焦锑酸钾溶液　　取 15g 焦锑酸钾，加 350ml 蒸馏水和 15ml 10%氢氧化钾溶液，煮沸使其溶解。冷却后，加蒸馏水至 500ml。

5. 共用缓冲液

（1）0.1mol/L 柠檬酸溶液　　2.1g 柠檬酸用重蒸馏水溶解并定容至 100ml。

（2）0.2mol/L 磷酸氢二钠溶液　　7.16g 十二水磷酸氢二钠用重蒸馏水溶解并稀释至 100ml。

应用时，取上述柠檬酸溶液 1.1ml 与磷酸氢二钠溶液 38.9ml，混匀即成。

（三）器材

血红蛋白吸管、离心机、移液管与洗耳球、烧杯与玻璃棒、分光光度计、量筒、天平、容量瓶、试剂瓶、试管与试管架、微量滴定管等。

四、实验步骤

（一）血清无机磷的测定

1）样品处理：0.2ml 新鲜牛血清中慢慢加入 3.8ml 10%三氯乙酸溶液，充分混匀，放置 10min，3000r/min 离心 5min，吸取上清液，备用。

2) 按表 4-15 操作。

表 4-15 血清无机磷测定的操作步骤   单位：ml

试剂	空白管	标准管	测定管
样品处理液	—	—	2.0
0.012mg/ml 磷应用标准液	—	1.0	—
10%三氯乙酸溶液	2.0	1.0	—
硫酸亚铁-钼酸铵试剂	2.0	2.0	2.0

3) 混匀，放置 10min。

4) 在 620nm 波长处进行比色，以空白管调零，用分光光度计测定各管的吸光度。

5) 计算结果如下：

$$血清中磷的含量（mg/100ml）= \frac{测定管吸光度}{标准管吸光度} \times 0.12 \times \frac{100}{0.1} = \frac{测定管吸光度}{标准管吸光度} \times 120 \quad (4-15)$$

（二）血清钙的测定

1) 乙二胺四乙酸二钠盐溶液的标定：取 1.0ml 0.1mg/ml 钙标准液、1.5ml 0.2mol/L 氢氧化钠及 2 滴钙红指示剂加入试管中混匀，用乙二胺四乙酸二钠溶液滴定到呈浅蓝色 30s 不褪色为止，即为滴定终点，记录乙二胺四乙酸二钠溶液消耗量 A ml。

2) 样品的滴定：0.25ml 血清加入 0.2mol/L 氢氧化钠 2.5ml 及钙红指示剂 2 滴，混匀，以乙二胺四乙酸二钠溶液滴定至呈浅蓝色 30s 不褪色为止，记录消耗量为 B ml。

3) 计算结果如下：1ml 乙二胺四乙酸二钠溶液相当于 0.1/A（mg）钙。

$$血清中钙的含量（mg/100ml）=(B/0.25) \times (0.1/A) \times 100 = B/A \times 40（mg） \quad (4-16)$$

（三）血清钾的测定

1) 无蛋白血清滤液的制备：取 0.2ml 血清、1.4ml 蒸馏水、0.2ml 10%钨酸钠溶液及 0.2ml 1/3mol/L 硫酸混匀。3000r/min 离心 10min，取上清液。

2) 按表 4-16 操作。

表 4-16 血清钾测定操作步骤   单位：ml

试剂	空白管	标准管	测定管
重蒸馏水	1.0	—	—
钾应用标准液	—	1.0	—
血清无蛋白液	—	—	1.0
2%四苯硼钠溶液	0.5	0.5	0.5
混匀，静置 5min				
0.85%氯化钠溶液	3.5	3.5	3.5

3) 混匀后，在 520nm 波长处进行比色，以空白管调零，用分光光度计测定各管的吸光度。

4) 计算结果如下：

$$血清中钾的含量（mol/L）= \frac{测定管吸光度}{标准管吸光度} \times 5.0 \times 10^{-4} \times \frac{1}{0.1} = \frac{测定管吸光度}{标准管吸光度} \times 0.005$$

(4-17)

（四）血清钠的测定

1）取干燥试管 2 支作为标准管和测定管，标准管中加入 0.2ml 钠应用标准液，测定管中加入 0.2ml 血清，均加入 1.8ml 无水乙醇，混匀。取上述标准管中的液体 0.25ml 移入另一试管，标明为标准管；测定管 3000r/min 离心 5min，吸取上清液 0.25ml，移入另一试管，标明为测定管。

2）标准管和测定管中各加入 5ml 3%焦锑酸钾溶液，静置 5min。以蒸馏水作空白对照，在 520nm 处进行比浊。

$$血清中钠的含量（mol/L）= \frac{测定管吸光度}{标准管吸光度} \times 0.140$$

(4-18)

五、注意事项

1）影响血钾的测定的主要因素是四苯硼钠的质量，应使用专用于血钾测定或溶解度高而澄清的四苯硼钠溶液。另外四苯硼钠的水溶液很不稳定，采用高浓度磷酸盐缓冲液配制为宜。配制浓度一般为 2%～3%，-4℃保存于塑料瓶中，以够 1 周用为合适。

2）血标本不能溶血，否则会使测定结果升高。

3）玻璃器皿应用去离子水或重蒸水洗涤干净。

4）所用的血滤液必须清亮，否则应重新制备。

5）无机磷的测定标本应选用血清，如用血浆，最好用肝素钠抗凝；且血标本不能溶血，并于采血后尽快分离血清，以免血细胞内磷酸酯水解而使无机磷含量增加。

6）测血磷时，显色用的试剂必须十分纯净，否则空白管会有蓝色；另一个原因是试管没洗干净，自来水中有磷。

【思考题】

测定无机磷时，在血清中加入 10%三氯乙酸溶液时为什么要慢慢加，且边加边混匀？太快会造成什么后果？为什么？

小　结

本章系统介绍了荧光法测定动物饲料中维生素 B_1 含量，颜色反应法观察唾液淀粉酶活性，研磨法制备组织匀浆，亚甲蓝褪色法判断琥珀酸脱氢酶的活性，班氏试剂法鉴定肝糖原，碘滴定法测定肝中酮体的生成，血液样品的处理，钨酸法测定血糖，邻甲苯胺法测定血糖，微量凯氏定氮法测定血清总蛋白、清蛋白及球蛋白，电泳法分离血清蛋白质，硫酸亚铁磷钼蓝比色法测定血清无机磷，乙二胺四乙酸二钠络合滴定法检测血清钙，四苯硼钠比浊法测定血清钾，焦锑酸钾比浊法检测血清钠，薄层层析法分离鸡蛋黄中脂类，香草醛法测定鸡蛋黄总脂等动物生物化学基础实验技术的实验目的、实验原理、试剂与器材、实验步骤及注意事项等。

　　学生应明确实验目的、原理、预期的结果、操作关键步骤及注意事项；实验要严肃认真地按照操作规程进行，注意观察实验中出现的现象和结果，并把实验数据和结果及时如实记录在实验记录本上，并根据实验结果进行科学分析。

主要参考文献

奥斯伯，布伦特，金斯顿，等. 2022. 精编分子生物学实验指南. 5版. 金由辛，等译. 北京：科学出版社.
费正. 2023. 生物化学与分子生物学实验指导. 2版. 上海：复旦大学出版社.
高英杰，郝林琳. 2011. 高级生物化学实验技术. 北京：科学出版社.
格林，萨姆布鲁克. 2023. 分子克隆实验指南. 4版. 贺福初译. 北京：科学出版社.
郭尧君. 1987. 分光光度技术及其在生物化学中的应用（紫外-可见-近红外）. 北京：科学出版社.
郭尧君. 2005. 蛋白质电泳实验技术. 2版. 北京：科学出版社.
何忠效，张树政. 1999. 电泳. 2版. 北京：科学出版社.
李留安，袁学军. 2022. 动物生物化学实验指导. 2版. 北京：清华大学出版社.
龙子江，宋睿. 2020. 生物化学与分子生物学实验技术教程. 合肥：中国科学技术大学出版社.
吕立夏，王平，徐磊. 2023. 分子生物学实验技术. 北京：科学出版社.
马艳琴，杨致芬. 2019. 生物化学研究技术. 北京：中国农业出版社.
汪玉松，邹思湘. 1995. 乳生物化学. 长春：吉林大学出版社.
吴冠芸，潘华珍. 1999. 生物化学与分子生物学实验常用数据手册. 北京：科学出版社.
薛仁镐，盖树鹏. 2011. 分子生物学实验教程. 北京：高等教育出版社.
杨安钢，刘新平，药立波. 2008. 生物化学与分子生物学实验技术. 北京：高等教育出版社.
杨建雄. 2014. 生物化学与分子生物学实验技术教程. 3版. 北京：高等教育出版社.
张杰道，齐盛东. 2023. 生物化学实验技术原理和方法. 3版. 北京：中国农业出版社.
赵永芳. 2015. 生物化学技术原理及应用. 5版. 北京：科学出版社.
周顺伍. 2002. 动物生物化学实验指导. 2版. 北京：中国农业出版社.
周先碗，胡晓倩. 2010. 生物化学仪器分析与实验技术. 北京：化学工业出版社.
朱月春，杨银峰. 2021. 生物化学与分子生物学实验教程. 2版. 北京：科学出版社.
Chapman J R. 2013. Protein and Peptide Analysis by Mass Spectrometry. New York：Humana Press.
Kalaichelvan. 2005. Microbiology and Biotechnology. Washington D C：MJP Publishers.
Kaneko J J. 2013. Clinical Biochemistry of Domestic Animals. San Diego：Academic Press.
Seaman G R. 1963. Experiments in Microbial Physiology and Biochemistry. London：Burgess Publishing Company.
Suganthi R. 2023. Analytical Biochemistry. Berlin：LAP Lambert Academic Publishing.
Terrance G C. 1983. The Tools of Biochemistry. New York/London：Longman Press.
Waldmann H，Kappitz M. 2003. Small Molecules-Protein Interaction. New York/Berlin：Speringer-Verlag Press.

附 录

一、蛋白质和核酸常用分子质量标准

（一）常用蛋白质分子质量标准

常用的蛋白质分子质量标准包括以下三种。图中右下角的百分数为聚丙烯酰胺凝胶（分离胶）的浓度。

1. 低分子质量标准 包括卵清蛋白（44 287Da）、牛血清白蛋白（66 409Da）、猪胃蛋白酶（35 000Da）、胰蛋白酶抑制剂（20 100Da）、溶菌酶（14 300Da）、磷酸丙糖异构酶（27 000Da）、甲状旁腺激素（1-84）（9500Da）、甲状旁腺激素（1-34）（4100Da）、抑肽酶（6500Da）等九种分子质量。

2. 中分子质量标准 包括卵清蛋白（44 287Da）、牛血清白蛋白（66 409Da）、磷酸酶B（97 200Da）、碳酸苷酶（29 000Da）、溶菌酶（14 300Da）、胰蛋白酶抑制剂（20 100Da）等六种分子质量。

3. 高分子质量标准 包括卵清蛋白（44 287Da）、牛血清白蛋白（66 409Da）、肌球蛋白（200 000Da）、磷酸酶B（97 200Da）、半乳糖苷酶（116 000Da）等五种分子质量。

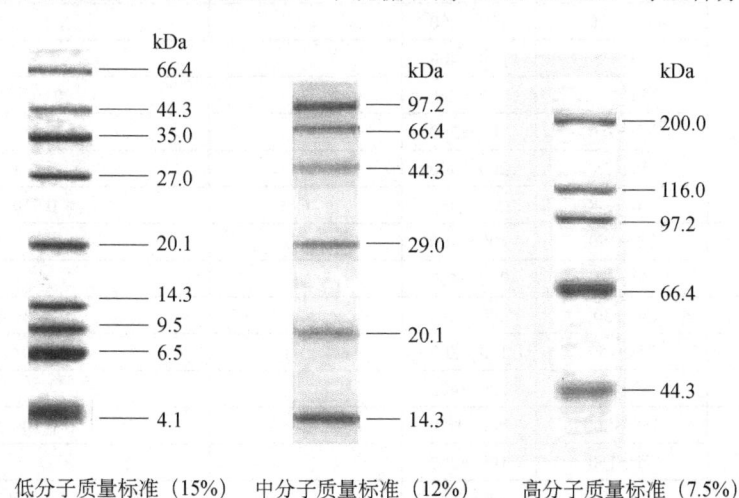

低分子质量标准（15%）　　中分子质量标准（12%）　　高分子质量标准（7.5%）

（二）常用核酸标准

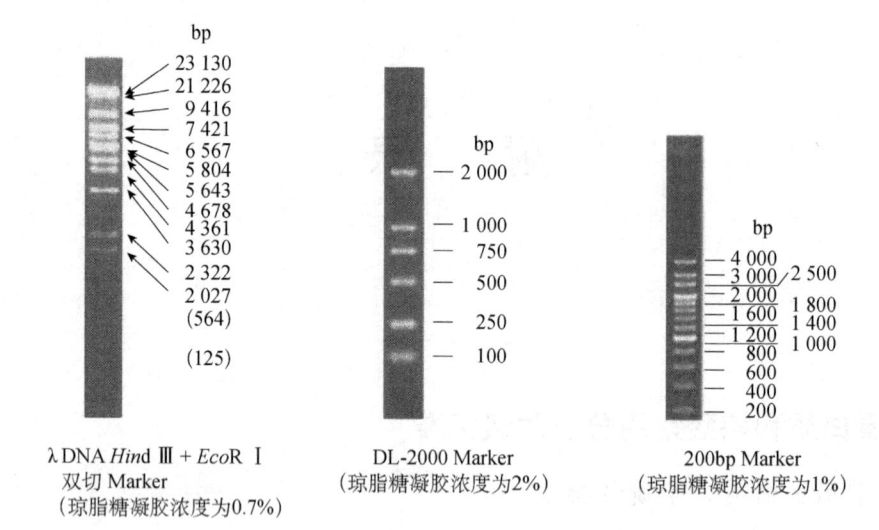

λDNA HindⅢ + EcoRⅠ 双切 Marker（琼脂糖凝胶浓度为0.7%）
- 23 130
- 21 226
- 9 416
- 7 421
- 6 567
- 5 804
- 5 643
- 4 678
- 4 361
- 3 630
- 2 322
- 2 027
- (564)
- (125)

DL-2000 Marker（琼脂糖凝胶浓度为2%）
- 2 000
- 1 000
- 750
- 500
- 250
- 100

200bp Marker（琼脂糖凝胶浓度为1%）
- 4 000
- 3 000 / 2 500
- 2 000 / 1 800
- 1 600 / 1 400
- 1 200 / 1 000
- 800
- 600
- 400
- 200

二、层析技术常用数据

（一）商品琼脂糖凝胶的技术数据

型号	颗粒直径*（μm）	筛孔	琼脂糖浓度（%）	分级范围（分子量以百万为单位）
Sepharose 2B	60～250		2	～40
Sepharose 4B	40～190		4	～20
Sepharose 6B	40～210		6	～4
Sepharose CL-2B	60～200		2	～40
Sepharose CL-4B	60～140		4	～20
Sepharose CL-6B	45～155		6	～4
Bio-Gel A-0.5m	150～300	50～100	10	0.010～0.5
Bio-Gel A-0.5m	75～150	100～200		
Bio-Gel A-0.5m	40～75	200～400		
Bio-Gel A-1.5m	150～300	50～100	8	0.010～1.5
Bio-Gel A-1.5m	75～150	100～200		
Bio-Gel A-1.5m	40～75	200～400		
Bio-Gel A-5m	150～300	50～100	6	0.010～5
Bio-Gel A-5m	75～150	100～200		
Bio-Gel A-5m	40～75	200～400		
Bio-Gel A-15m	150～300	50～100	4	0.04～15
Bio-Gel A-15m	75～150	100～200		
Bio-Gel A-15m	40～75	200～400		
Bio-Bel A-50m	150～300	50～100	2	0.10～50
Bio-Gel A-50m	75～150	100～200		
Bio-Gel A-150m	150～300	50～100	1	1～7150
Bio-Gel A-150m	75～150	100～200		

*颗粒直径指干胶粒。

（二）Sephadex 凝胶的技术数据

型号	颗粒直径（μm）	工作范围（分子量）葡聚糖	工作范围（分子量）肽和球蛋白	最大承受压力（cmH₂O[①]）	得水值（ml/g 干胶）	最小溶胀时间（h）沸水浴	最小溶胀时间（h）室温	床体积（ml/g 干胶）
Sephadex G-10	40～120	<700	<700	>100	1.0±0.1	1	3	2～3
Sephadex G-15	40～120	<1 500	<1 500	>100	1.5±0.2	1	3	2.5～3.5
Sephadex G-25 粗颗粒	100～300							
Sephadex G-25 中颗粒	50～150	100～5 000	1 000～5 000	>100	2.5±0.2	1	3	4～6
Sephadex G-25 细颗粒	20～80							
Sephadex G-25 超细颗粒	10～40							
Sephadex G-50 粗颗粒	100～300							
Sephadex G-50 中颗粒	50～150							
Sephadex G-50 细颗粒	20～80	500～10 000	1 500～30 000	>100	5.0±0.3	1	3	9～11
Sephadex G-50 超细颗粒	10～40							
Sephadex G-75	40～120	1 000～50 000	3 000～80 000	50	7.5±0.5	3	24	12～15
Sephadex G-75 超细颗粒	10～40		3 000～70 000					
Sephadex G-100	40～120	1 000～100 000	4 000～150 000	35	10.0±1.0	5	72	15～20
Sephadex G-100 超细颗粒	10～40		5 000～100 000					
Sephadex G-150	40～120	1 000～150 000	5 000～400 000	15	15.0±1.5	5	72	20～30
Sephadex G-150 超细颗粒	10～40		5 000～150 000					18～22
Sephadex G-200	40～120	1 000～200 000	5 000～80 000	10	20.0±2.0	5	72	30～40
Sephadex G-200 超细颗粒	10～40		5 000～250 000					20～25

①：1cmH₂O≈0.098kPa

（三）聚丙烯酰胺凝胶的技术数据

型号	膨胀所需最少时间（室温，h）	膨胀后的床体积（ml/g 干凝胶）	排阻的下限（分子量）	分级分离的范围（分子量）
Bio-Gel-P-2	2～4	3.8	1 600	200～2 000
Bio-Gel-P-4	2～4	5.8	3 600	500～4 000
Bio-Gel-P-6	2～4	8.8	4 600	1 000～5 000
Bio-Gel-P-10	2～4	12.4	10 000	5 000～17 000
Bio-Gel-P-30	10～12	14.9	30 000	20 000～50 000
Bio-Gel-P-60	10～12	19.0	60 000	30 000～70 000
Bio-Gel-P-100	24	19.0	100 000	40 000～100 000
Bio-Gel-P-150	24	24.0	150 000	50 000～150 000
Bio-Gel-P-200	48	34.0	200 000	80 000～300 000
Bio-Gel-P-300	48	40.0	300 000	100 000～400 000

注：上述各种型号的凝胶都是亲水性的多孔颗粒，在水和缓冲溶液中很容易膨胀。生产厂为 Bio-Rad Laboratories Richmond。

（四）各种凝胶所允许的最大操作压

凝胶	建议的最大静水压（cmH$_2$O）	凝胶	建议的最大静水压（cmH$_2$O）
Sephadex G-10	100	Bio-Gel P-60	100
Sephadex G-15	100	Bio-Gel P-100	60
Sephadex G-25	100	Bio-Gel P-150	30
Sephadex G-50	100	Bio-Gel P-200	20
Sephadex G-75	50	Bio-Gel P-300	15
Sephadex G-100	35	Bio-Gel A-0.5M	100
Sephadex G-150	15	Bio-Gel A-1.5M	100
Sephadex G-200	10	Bio-Gel A-5M	100
Bio-Gel P-2	100	Bio-Gel A-15M	90
Bio-Gel P-4	100	Bio-Gel A-50M	50
Bio-Gel P-6	100	Bio-Gel A-150M	30
Bio-Gel P-10	100	Bio-Gel P-60	100
Bio-Gel P-30	100	Bio-Gel P-100	60

（五）Sephadex 和 Bio-Gel 离子交换剂

名称	官能团	平均颗粒（μm）	床体积（ml/g 干胶）	最大交换容量（mmol/g）	血红蛋白质容量[b]（g/g）
阳离子交换剂					
CM-Sephadex C-25[a]	—O—CH$_2$—COOH	40	—	4.5±0.5	0.4（pH6.5）
CM-Sephadex C-50[a]	—O—CH$_2$—COOH	40	15～20[c]	4.5±0.5	7.0
SE-Sephadex C-25	—O—C$_2$H$_4$—SO$_3$H	40	—	2.5±0.2	0.2（pH6.5）
SE-Sephadex C-50	—O—C$_2$H$_4$—SO$_3$H	40	15～20[c]	2.5±0.2	3（pH6.5）
Bio-Gel CM	—COOH	100～200	5.6[d], 5.5[e]	6.0±0.3	微量（pH7）
Bio-Gel CM30（1）	—COOH	100～200	68[d], 35.5[e]	6.0±0.3	2.4（pH7）
Bio-Gel CM30（2）	—COOH	100～200	50[d], 40[e]	1.0±0.3	1.6（pH7）
Bio-Gel CM100	—COOH	100～200	124[d], 45[e]	6.0±0.3	4.0（pH7）
阴离子交换剂					
DEAE-Sephadex A-25	—O—C$_2$H$_4$—N$^+$H(C$_2$H$_5$)$_2$	40～120	—	3.5±0.5	0.5（pH8.8）
DEAE-Sephadex A-25	结构同上	40～120	15～20[c]	3.5±0.5	3.0（pH8.8）
QAE-Sephadex A-25	—O—C$_2$H$_5$N$^+$(C$_2$H$_5$)$_2$ | CH$_2$—CH(OH)CH$_3$		5～8	3.0±0.4	—
QAE-Sephadex A-50	结构同上	—	30～40	3.0±0.4	—
Bio-Gel DE[2]	—COO—C$_2$H$_4$—N$^+$H(C$_2$H$_5$)$_2$	100～200	15～20[c]	2.0±0.5	3.0（pH8.8）
Bio-Gel DM[2]	—CONH—CH$_2$N$^+$H(C$_2$H$_5$)$_2$	100～200	7[f]	4.5±0.5	微量（pH7）
Bio-Gel DM30（1）	结构同上	100～200	25[f]～30[f]	4.5±0.5	0.3（pH7）
Bio-Gel DM30（2）	结构同上	100～200	20[f]	1.5±0.3	0.1（pH7）
Bio-Gel DM100	—CONH—CH$_2$N$^+$H(C$_2$H$_5$)$_2$	100～200	50	4.5±0.5	0.4（pH7）

a. Bio-Gel 交换剂是 Bio-Gel 聚丙烯酰胺凝胶衍生物，葡聚糖凝胶离子交换剂是 G50 的衍生物。
b. C-50 和 A-50 适用于较大分子（葡聚糖凝胶的范围）。C-25 和 A-25 的最高吸收容量适用于分子量到 10 000 左右的物质。
c. 0.2mol/L 磷酸缓冲液，pH7。
d. 0.01mol/L 磷酸缓冲液，pH7。
e. 0.4mol/L 磷酸缓冲液，pH7。
f. 0.01mol/L Tris-HCl 缓冲液，pH8.8。

（六）商品离子交换纤维素的特性

离子交换纤维素	形状	交换容量（mmol/g）	长度（μm）	蛋白吸附容量（mg/g） 牛血清蛋白（pH8.5）	蛋白吸附容量（mg/g） 胰岛素（pH8.5）	床体积（mg/g） pH7.5	床体积（mg/g） pH6.0
DEAE-纤维素							
DE-22	改良纤维素	1.0±0.1	12～400	450	750	7.7	7.7
DE-23	同上（除细粒）	1.0±0.1	18～400	450	750	9.1	8.3
DE-32	微粒性（干粉）	1.0±0.1	24～63	660	850	6.3	6.0
DE-52	同上（溶胀）	1.0±0.1	24～63	660	850	6.3	6.0
CM 纤维素							
CM-22	改良纤维素	0.6±0.06	12～400	150	600	7.7	7.7
CM-23	同上（除细粒）	0.6±0.06	18～400	150	600	9.1	9.1
CM-32	微粒性（干粉）	1.0±0.1	24～63	400	1260	6.7	6.8
CM-52	同上（溶胀）	1.0±0.1	24～63	400	1260	6.7	6.8

（七）离子交换纤维素的种类和特点

离子交换纤维素	特点	pK_a	交换容量	解离基团
阳离子交换纤维素				
CM-C	应用广泛，在 pH4 以上	3.6	0.5～1.0	羧甲基—O—CH$_2$—COO$^-$
P-C	酸性较强，用于低 pH	pK_{a1} 1～2 pK_{a2} 60～65	0.7～7.4	磷酸根—O—PO$_3^-$
SE-C	强酸性，用于极低 pH	2.2	0.2～0.3	磺乙基—OCH$_2$—CH$_2$—SO$_3$H
阴离子交换纤维素				
DEAE-C	应用最广泛，在 pH8.6 以下	9.1～9.5	0.1～1.1	二乙氨乙基 —O—CH$_2$—CH$_2$—N(C$_2$H$_5$)$_2$
TEAE-C	碱性稍强	10	0.5～1.0	三乙氨乙基 —O—CH$_2$—CH$_2$—N$^+$(C$_2$H$_5$)$_3$
GE-C	碱性强，极高 pH 仍有效		0.2～0.5	胍乙基 —O—CH$_2$CH$_2$—NH—C(=NH)—NH$_2$
PAB-C	极弱碱性		0.2～1.5	对氨基苄基 —O—CH$_2$—C$_6$H$_4$—NH$_2$
ECTEOLA-C	弱碱性，适于分离核酸	7.4～7.6	0.1～0.5	三乙醇胺+环氧丙烷
DBD-C	适于分离核酸		0.8	苯甲基化的 DEAE
BND-C	适于分离核酸		0.8	苯甲基和萘甲酚化的 DEAE
PEL-C	适于分离核苷酸		0.1	聚乙烯亚胺吸附于纤维素

CM-C：羧甲基纤维素；P-C：磷酸纤维素；SE-C：磺酰乙基纤维素；DEAE-C：二乙基氨基乙基纤维素；TEAE-C：三乙基氨基乙基纤维素；GE-C：胍乙酸纤维素；PAB-C：对氨基乙基纤维素；ECTEOLA-C：交联醇胺纤维素；DBD-C：羧甲基化 DEAE 纤维素；BND-C：羧甲基化萘酚化的 DEAE 纤维素；PEL-C：聚乙烯亚胺吸附于纤维素或较弱磷酸化的纤维素

三、硫酸铵饱和度常用表

（一）调整硫酸铵溶液饱和度计算表（0℃）

硫酸铵初浓度（%饱和度）	在0℃硫酸铵终浓度（%饱和度）															
	20	25	30	35	40	45	50	55	60	65	70	75	80	85	90	95	100
	每100ml溶液加固体硫酸铵的克数[①]																
0	10.6	13.4	16.4	19.4	22.6	25.8	29.1	32.6	36.1	39.8	43.6	47.6	51.6	55.9	60.3	65.0	69.7
5	7.9	10.8	13.7	16.6	19.7	22.9	26.2	29.6	33.1	36.8	40.5	44.4	48.4	52.6	57.0	61.5	66.2
10	5.3	8.1	10.9	13.9	16.9	20.0	23.3	26.6	30.1	33.7	37.4	41.2	45.2	49.3	53.6	58.1	62.7
15	2.6	5.4	8.2	11.1	14.0	17.2	20.4	23.7	27.1	30.6	34.3	38.1	42.0	46.0	50.3	54.7	59.2
20	0	2.7	5.5	8.3	11.3	14.3	17.5	20.7	24.1	27.6	31.2	34.9	38.7	42.7	46.9	51.2	55.7
25		0	2.7	5.6	8.4	11.5	14.6	17.9	21.1	24.5	28.0	31.7	35.5	39.5	43.6	47.8	52.2
30			0	2.8	5.6	8.6	11.7	14.8	18.1	21.4	24.9	28.5	32.3	36.2	40.2	44.5	48.8
35				0	2.8	5.7	8.7	11.8	15.1	18.4	21.8	25.4	29.1	32.9	36.9	41.0	45.3
40					0	2.9	5.8	8.9	12.0	15.3	18.7	22.2	25.8	29.6	33.5	37.6	41.8
45						0	2.9	5.9	9.0	12.3	15.6	19.0	22.6	26.3	30.2	34.2	38.3
50							0	3.0	6.0	9.2	12.5	15.9	19.4	23.0	26.8	30.8	34.8
55								0	3.0	6.1	9.3	12.7	16.1	19.7	23.5	27.3	31.3
60									0	3.1	6.2	9.5	12.9	16.4	20.1	23.1	27.9
65										0	3.1	6.3	9.7	13.2	16.8	20.5	24.4
70											0	3.2	6.5	9.9	13.4	17.1	20.9
75												0	3.2	6.6	10.1	13.7	17.4
80													0	3.3	6.7	10.3	13.9
85														0	3.4	6.8	10.5
90															0	3.4	7.0
95																0	3.5
100																	0

①：在0℃下，硫酸铵溶液由初浓度调到终浓度时，每100ml溶液所加固体硫酸铵的克数。

（二）不同温度下的饱和硫酸铵溶液

饱和硫酸铵溶液	0℃	10℃	20℃	25℃	30℃
每1000g水中含硫酸铵物质的量（mol）	5.35	5.53	5.73	5.82	5.91
质量分数（%）	41.42	42.22	43.09	43.47	43.85
1000ml水中用硫酸铵饱和所需克数（g）	706.80	730.50	755.80	766.80	777.50
1000ml饱和溶液含硫酸铵克数（g）	514.80	525.20	536.50	541.20	545.90
物质的量浓度（mol/L）	3.90	3.97	4.06	4.10	4.13

（三）调整硫酸铵溶液饱和度计算表（25℃）

	硫酸铵终浓度（%饱和度）														
	10	20	25	30	33	35	40	45	50	55	60	65	70	75	80	90	100
硫酸铵初浓度（%饱和度）	每1L溶液加固体硫酸铵的克数[①]														
0	56	114	144	176	196	209	243	277	313	351	390	430	472	516	561	662	767
10		57	86	118	137	150	183	216	251	288	326	365	406	449	494	592	694
20			29	59	78	91	123	155	189	225	262	300	340	382	424	520	619
25				30	49	61	93	125	158	193	230	267	307	348	390	485	583
30					19	30	62	94	127	162	198	235	273	314	356	449	546
33						12	43	74	107	142	177	214	252	292	333	426	522
35							31	63	94	129	164	200	238	278	319	411	506
40								31	63	97	132	168	205	245	285	375	469
45									32	65	99	134	171	210	250	339	431
50										33	66	101	137	176	214	302	392
55											33	67	103	141	179	264	353
60												34	69	105	143	227	314
65													34	70	107	190	275
70														35	72	153	237
75															36	115	198
80																77	157
90																	79

①：在25℃下，硫酸铵溶液由初浓度调到终浓度时，每升溶液所加固体硫酸铵的克数。

四、常用缓冲液的配制方法

1. 邻苯二甲酸-盐酸缓冲液（0.05mol/L）

x ml 0.2mol/L HCl + y ml 0.2mol/L 邻苯二甲酸氢钾，再加水稀释到20ml。

pH（20℃）	0.2mol/L HCl（ml）	0.2mol/L 邻苯二甲酸氢钾（ml）	pH（20℃）	0.2mol/L HCl（ml）	0.2mol/L 邻苯二甲酸氢钾（ml）
2.2	4.670	5	3.2	1.470	5
2.4	3.960	5	3.4	0.990	5
2.6	3.295	5	3.6	0.597	5
2.8	2.642	5	3.8	0.263	5
3.0	2.032	5			

0.2mol/L 邻苯二甲酸氢钾溶液的质量浓度为40.85g/L，邻苯二甲酸氢钾分子量=204.23。

2. 甘氨酸-盐酸缓冲液（0.05mol/L）

x ml 0.2mol/L HCl + y ml 0.2mol/L 甘氨酸，再加水稀释至200ml。

pH	0.2mol/L HCl（ml）	0.2mol/L 甘氨酸（ml）	pH	0.2mol/L HCl（ml）	0.2mol/L 甘氨酸（ml）
2.2	44.0	50	3.0	11.4	50
2.4	32.4	50	3.2	8.2	50
2.6	24.2	50	3.4	6.4	50
2.8	16.8	50	3.6	5.0	50

0.2mol/L 甘氨酸溶液的质量浓度为15.01g/L，甘氨酸分子量=75.07。

3. 磷酸氢二钠-柠檬酸缓冲液

pH	0.1mol/L 柠檬酸（ml）	0.2mol/L Na$_2$HPO$_4$（ml）	pH	0.1mol/L 柠檬酸（ml）	0.2mol/L Na$_2$HPO$_4$（ml）
2.2	19.60	0.40	5.2	9.28	10.72
2.4	18.76	1.24	5.4	8.85	11.15
2.6	17.82	2.18	5.6	8.40	11.60
2.8	16.83	3.17	5.8	7.91	12.09
3.0	15.89	4.11	6.0	7.37	12.63
3.2	15.06	4.94	6.2	6.78	13.22
3.4	14.30	5.70	6.4	6.15	13.85
3.6	13.56	6.44	6.6	5.45	14.55
3.8	12.90	7.10	6.8	4.55	15.45
4.0	12.29	7.71	7.0	3.53	16.47
4.2	11.72	8.28	7.2	2.61	17.39
4.4	11.18	8.82	7.4	1.83	18.17
4.6	10.65	9.35	7.6	1.27	18.73
4.8	10.14	9.86	7.8	0.85	19.15
5.0	9.70	10.30	8.0	0.55	19.45

0.1mol/L 柠檬酸质量浓度为 21.01g/L；柠檬酸分子量=210.14。

0.2mol/L Na$_2$HPO$_4$ 溶液质量浓度为 28.39g/L；Na$_2$HPO$_4$ 分子量=141.96。

0.2mol/L Na$_2$HPO$_4$·2H$_2$O 溶液质量浓度为 35.61g/L；Na$_2$HPO$_4$·2H$_2$O 分子量=178.05。

4. 乙酸-乙酸钠缓冲液（0.2mol/L）

pH（18℃）	0.2mol/L HAc（ml）	0.2mol/L NaAc（ml）	pH（18℃）	0.2mol/L HAc（ml）	0.2mol/L NaAc（ml）
3.6	9.25	0.75	4.8	4.10	5.90
3.8	8.80	1.20	5.0	3.00	7.00
4.0	8.20	1.80	5.2	2.10	7.90
4.2	7.35	2.65	5.4	1.40	8.60
4.4	6.30	3.70	5.6	0.90	9.10
4.6	5.10	4.90	5.8	0.60	9.40

0.2mol/L NaAc·3H$_2$O 溶液质量浓度为 27.22g/L；NaAc·3H$_2$O 分子量=136.09。

5. 柠檬酸-氢氧化钠-盐酸缓冲液

pH	钠离子浓度（mol/L）	氢氧化钠（g）（纯度97%）	柠檬酸（g）（C$_6$H$_8$O$_7$·H$_2$O）	盐酸（ml）（浓）	最终体积（L）
2.2	0.20	84	210	160	10
3.1	0.20	83	210	116	10
3.3	0.20	83	210	106	10
4.3	0.20	83	210	45	10
5.3	0.35	144	245	68	10
5.8	0.45	186	285	105	10
6.5	0.38	156	266	126	10

使用时可以每升中加入 1g 酚，若最后 pH 有变化，再用少量盐酸（浓）或 50%氢氧化钠溶液调节，冰箱保存。

6. 磷酸氢二钠-磷酸二氢钾缓冲液（1/15mol/L）

pH	1/15mol/L KH$_2$PO$_4$（ml）	1/15mol/L Na$_2$HPO$_4$（ml）	pH	1/15mol/L KH$_2$PO$_4$（ml）	1/15mol/L Na$_2$HPO$_4$（ml）
4.92	9.90	0.10	7.17	3.00	7.00
5.29	9.50	0.50	7.38	2.00	8.00
5.91	9.00	1.00	7.73	1.00	9.00
6.24	8.00	2.00	8.04	0.50	9.50
6.47	7.00	3.00	8.34	0.25	9.75
6.64	6.00	4.00	8.67	0.10	9.90
6.81	5.00	5.00	8.18	0	10.00
6.98	4.00	6.00			

1/15mol/L KH$_2$PO$_4$ 溶液的质量浓度为 9.078g/L；KH$_2$PO$_4$ 分子量为 136.09。

1/15mol/L Na$_2$HPO$_4$·2H$_2$O 溶液的质量浓度为 11.876g/L；Na$_2$HPO$_4$·2H$_2$O 分子量为 178.05。

7. 磷酸氢二钠-磷酸二氢钠缓冲液（0.2mol/L）

pH	0.2mol/L NaH$_2$PO$_4$（ml）	0.2mol/L Na$_2$HPO$_4$（ml）	pH	0.2mol/L NaH$_2$PO$_4$（ml）	0.2mol/L Na$_2$HPO$_4$（ml）
5.8	92.0	8.0	7.0	39.0	61.0
5.9	90.0	10.0	7.1	33.0	67.0
6.0	87.7	12.3	7.2	28.0	72.0
6.1	85.0	15.0	7.3	23.0	77.0
6.2	81.5	18.5	7.4	19.0	81.0
6.3	77.5	22.5	7.5	16.0	84.0
6.4	73.5	26.5	7.6	13.0	87.0
6.5	68.5	31.5	7.7	10.5	89.5
6.6	62.5	37.5	7.8	8.5	91.5
6.7	56.5	43.5	7.9	7.0	93.0
6.8	51.0	49.0	8.0	5.3	94.7
6.9	45.0	55.0			

0.2mol/L NaH$_2$PO$_4$·H$_2$O 溶液的质量浓度为 27.6g/L；NaH$_2$PO$_4$·H$_2$O 分子量=138.01。

0.2mol/L NaH$_2$PO$_4$·2H$_2$O 溶液的质量浓度为 31.21g/L；NaH$_2$PO$_4$·2H$_2$O 分子量=156.03。

0.2mol/L Na$_2$HPO$_4$·2H$_2$O 溶液的质量浓度为 35.61g/L；Na$_2$HPO$_4$·2H$_2$O 分子量=178.05。

0.2mol/L Na$_2$HPO$_4$·12H$_2$O 溶液的质量浓度为 71.63g/L；Na$_2$HPO$_4$·12H$_2$O 分子量=358.22。

8. 柠檬酸-柠檬酸钠缓冲液（0.1mol/L）

pH	0.1mol/L 柠檬酸钠（ml）	0.1mol/L 柠檬酸（ml）	pH	0.1mol/L 柠檬酸钠（ml）	0.1mol/L 柠檬酸（ml）
3.0	1.4	18.6	5.0	11.8	8.2
3.2	2.8	17.2	5.2	12.7	7.3
3.4	4.0	16.0	5.4	13.6	6.4
3.6	5.1	14.9	5.6	14.5	5.5
3.8	6.0	14.0	5.8	15.3	4.7
4.0	6.9	13.1	6.0	16.2	3.8
4.2	7.7	12.3	6.2	17.2	2.8
4.4	8.6	11.4	6.4	18.0	2.0
4.6	9.7	10.3	6.6	18.6	1.4
4.8	10.8	9.2			

0.1mol/L 柠檬酸溶液的质量浓度为 21.01g/L；柠檬酸分子量=210.14。
0.1mol/L 柠檬酸钠溶液的质量浓度为 29.41g/L；柠檬酸钠分子量=294.12。

9. Tris-盐酸缓冲液（0.05mol/L）

50ml 0.1mol/L Tris 溶液与 x ml 0.1mol/L 盐酸混匀后，加水稀释至 100ml。

pH（25℃）	x（ml）	pH（25℃）	x（ml）
7.10	45.7	8.10	26.2
7.20	44.7	8.20	22.9
7.30	43.4	8.30	19.9
7.40	42.0	8.40	17.2
7.50	40.3	8.50	14.7
7.60	38.5	8.60	12.4
7.70	36.6	8.70	10.3
7.80	34.5	8.80	8.5
7.90	32.0	8.90	7.0
8.00	29.2		

Tris 溶液可从空气中吸收二氧化碳，使用时注意将瓶盖严。
0.1mol/L Tris 溶液的质量浓度为 12.114g/L；Tris 分子量=121.14。

10. 甘氨酸-氢氧化钠缓冲液（0.05mol/L）

x ml 0.2mol/L NaOH+y ml 0.2mol/L 甘氨酸加水稀释至 200ml。

pH	x（ml）	y（ml）	pH	x（ml）	y（ml）
8.6	4.0	50	9.6	22.4	50
8.8	6.0	50	9.8	27.2	50
9.0	8.8	50	10.0	32.0	50
9.2	12.0	50	10.4	38.6	50
9.4	16.8	50	10.6	45.5	50

0.2mol/L 甘氨酸溶液的质量浓度为 15.01g/L；甘氨酸分子量=75.07。

11. 碳酸钠-碳酸氢钠缓冲液（0.1mol/L）（Ca^{2+}、Mg^{2+}存在时不得使用）

pH 20℃	pH 37℃	0.1mol/L $NaHCO_3$（ml）	0.1mol/L Na_2CO_3（ml）
9.16	8.77	9	1
9.40	9.12	8	2
9.51	9.40	7	3
9.78	9.50	6	4
9.90	9.72	5	5
10.14	9.90	4	6
10.28	10.08	3	7
10.53	10.28	2	8
10.83	10.57	1	9

0.1mol/L $NaHCO_3$ 溶液的质量浓度为 8.40g/L；$NaHCO_3$ 分子量=84.0。
0.1mol/L $Na_2CO_3 \cdot 10H_2O$ 溶液的质量浓度为 28.62g/L；$Na_2CO_3 \cdot 10H_2O$ 分子量=286.2。

12. 巴比妥钠-盐酸缓冲液

pH (18℃)	0.2mol/L 盐酸 (ml)	0.04mol/L 巴比妥钠溶液 (ml)	pH (18℃)	0.2mol/L 盐酸 (ml)	0.04mol/L 巴比妥钠溶液 (ml)
6.8	18.4	100	8.4	5.21	100
7.0	17.8	100	8.6	3.82	100
7.2	16.7	100	8.8	2.52	100
7.4	15.3	100	9.0	1.65	100
7.6	13.4	100	9.2	1.13	100
7.8	11.47	100	9.4	0.70	100
8.0	9.39	100	9.6	0.35	100
8.2	7.21	100			

0.04mol/L 巴比妥钠溶液的质量浓度为 8.25g/L；巴比妥钠分子量=206.18。

五、常见动物部分血液成分的参考值

成分	猪	牛	绵羊	山羊	马	犬	猫
葡萄糖（S, P, HP）(mg/100ml)	85～150 (119.0±17.0)	45～75 (57.4±6.8)	50～80 (68.4±6.0)	50～75 (62.8±7.1)	75～115 (95.6±8.5)	65～118 (91±12)	70～110 (91.1±7.5)
总胆固醇（S, P, HP）(mg/100ml)	36～54	80～120	52～76 (64±12)	80～130	75～150 (111±18)	135～270 (178±38)	95～130
丙酮 (mg/100ml)		0～10	0～10				
乙酰乙酸 (mg/100ml)		0～1.1 (0.5)					
β-羟丁酸 (mg/L)		0～9.0 (4.0)					
钙（S, HP）(mg/100ml)	7.1～11.6 (9.65±0.99)	9.7～12.4 (11.08±0.67)	11.5～12.8 (12.16±0.28)	8.9～11.7 (10.3±0.7)	11.2～13.6 (12.4±0.58)	9.0～11.3 (10.2±0.6)	6.2～10.2 (8.22±0.97)
钾（S, HP）(mg/L)	4.4～6.7	3.9～5.8 (4.8)	3.9～5.4 (4.8±0.4)	3.5～6.7	2.4～4.7 (3.51±0.57)	4.37～5.65	4.0～4.5 (4.3)
无机磷（S, HP）(mg/100ml)	5.3～9.6	5.6～6.5	5.0～7.3 (6.4±0.2)	6.5	3.1～5.6	2.6～6.2 (4.3±0.9)	4.5～8.1 (6.2)
钠（S, HP）(mg/L)	135～150	132～152 (142)	139～152	142～155 (150.4±3.14)	132～146 (139±3.5)	141.1～152.3	147～156 (151)
非蛋白氮（NPN）(B)(mg/100ml)				22～38 (30±3.65)		20～36	30～48
谷丙转氨酶（S, P, HP）(U/L)	31～58 (45±14)	14～38 (27±14)	(384±4)	24～83	3～23 (14±11)	21～102 (47±26)	6～83 (26±16)
总蛋白 (g/100ml)	7.90～8.90 (8.40±0.50)	6.74～7.46 (7.10±0.18)	6.00～7.90 (7.20±0.52)	6.40～7.00 (6.90±0.48)	5.20～7.90 (6.35±0.59)	5.40～7.10 (6.10±0.52)	5.40～7.80 (6.60±0.70)
清蛋白 (g/100ml)	1.8～3.30 (2.59±0.71)	3.03～3.55 (3.29±0.13)	2.40～3.00 (2.70±0.19)	2.70～3.90 (3.30±0.33)	2.60～3.70 (3.09±0.28)	2.60～3.30 (2.91±0.19)	2.10～3.30 (2.70±0.17)
球蛋白 (g/100ml)	5.29～6.43 (5.86±0.57)	3.00～3.48 (3.24±0.24)	3.50～5.70 (4.40±0.53)	2.70～4.10 (3.60±0.50)	2.62～4.04 (3.33±0.71)	2.70～4.40 (3.40±0.51)	2.60～5.10 (3.90±0.69)

注：①简号：HP.肝素化血浆；P.血浆；S.血清；B.全血；②括弧中为平均值及其标准差。